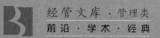

经管文库·管理类

前沿·学术·经典

RESEARCH ON THE PROTECTION STRATEGY OF HENAN HISTORICAL
AND CULTURAL CITY EMPOWERED BY DIGITAL TECHNOLOGY

数字技术赋能河南历史文化名城保护策略研究

苏洪恩 著

经济管理出版社

ECONOMY & MANAGEMENT PUBLISHING HOUSE

图书在版编目（CIP）数据

数字技术赋能河南历史文化名城保护策略研究 / 苏洪恩著 . -- 北京：经济管理出版社，2024.9（2025.3重印）. -- ISBN978-7-5096-9838-9

Ⅰ. TU984.261-39

中国国家版本馆 CIP 数据核字第 20242MT643 号

组稿编辑：杨国强
责任编辑：王　洋
责任印制：许　艳
责任校对：蔡晓臻

出版发行：经济管理出版社
　　　　　（北京市海淀区北蜂窝 8 号中雅大厦 A 座 11 层　100038）
网　　址：www.E-mp.com.cn
电　　话：（010）51915602
印　　刷：北京厚诚则铭印刷科技有限公司
经　　销：新华书店
开　　本：710mm×1000mm/16
印　　张：13
字　　数：226 千字
版　　次：2024 年 9 月第 1 版　　2025 年 3 月第 2 次印刷
书　　号：ISBN 978-7-5096-9838-9
定　　价：98.00 元

前　言

在数字时代和文化强国的背景下，对河南历史文化名城保护的策略研究显得尤为重要。河南，这座见证了中华文明起源和发展的城市，有着无可比拟的历史文化遗产。从古都洛阳到千年古城开封，每一座城市都像是时光的容器，承载着丰富的历史和文化故事。然而，在现代化发展的浪潮中，如何有效地保护和传承这些珍贵的文化遗产，是亟待解决的问题。

第一章全面介绍了河南历史文化名城的概述及保护的背景。通过深入解析历史文化名城的定义、特征以及在河南的具体表现，本章勾勒出了河南历史文化名城的独特魅力，也揭示了其在中华文明历史中的独特地位。随后，对河南历史文化名城保护现状进行了剖析，展现了在快速发展的社会背景下，这些文化遗产面临的挑战和困境，为读者提供了一个全面且深刻的认识基础。

第二章聚焦于数字技术发展的成就及其对历史文化名城保护所产生的深远影响。通过阐述数字技术的发展历程，特别是在信息收集、处理和展示方面的突破，本章展示了技术进步为文化遗产保护带来的新机遇。不仅如此，通过实例分析，本章还探讨了数字技术在实践中如何助力历史文化名城的保护工作，提升了保护工作的效率和效果，从而充分展示了数字技术在文化遗产保护领域的重要价值和潜力。

第三章深入探讨了数字技术在河南历史文化名城保护中的理论基础。本章通过引入场域理论、可持续发展理论以及人居环境科学理论等，建立了一个坚实的理论框架，为理解数字技术在文化遗产保护中应用的科学性和合理性提供了理论支持。这些理论不仅丰富了数字技术在文化遗产保护领域的应用，也为实践中的问题解决提供了理论指导。

第四章分析了应用数字技术于河南历史文化名城保护的原则。本章强调了在应用过程中需要遵循的几个关键原则，包括资源整合的重要性、对历史文化真实性的尊重以及技术选择的适用性和可持续发展性等。这些原则不仅为数字技术在历史文化名城保护中的应用提供了指导，也确保了技术应用的有效性和长远性，从而避免了可能出现的负面影响，保障了文化遗产的真实性和完整性得以维护。

第五章详细讨论了数字技术在河南历史文化名城保护中的具体应用策略。通过具体分析虚拟现实（VR）、增强现实（AR）、3D 扫描与建模技术及大数据分析等技术的应用案例，本章揭示了这些先进技术如何被有效利用于历史文化名城的保护与复兴。例如，VR 和 AR 技术的应用，不仅能够为游客提供沉浸式的历史体验，还能在不破坏原有文化遗址的情况下，进行文化传承和教育。此外，3D 扫描与建模技术能够精确记录文化遗产的物理特征，为未来的保护工作提供重要的数据支持。大数据分析则能够帮助管理者理解游客行为，优化管理策略，从而更好地保护和利用这些文化资源。

第六章通过对洛阳市的案例分析，展示了河南历史文化名城数字化保护的成功实践。不仅详细介绍了洛阳市在数字保护方面的具体实施方案，还分析了这些成功经验对于其他历史文化名城保护的启示。通过这一章的阐述，读者可以清晰地看到，通过合理运用数字技术，历史文化名城的保护工作能够取得显著成效，也为其他地区提供了宝贵的参考。

第七章对河南历史文化名城数字化保护的未来展望进行了前瞻性的探讨。本章不仅讨论了数字档案库的建设与完善，还探索了空间计算、混合现实在历史场景重现中的应用前景，以及可穿戴技术和生物识别技术在提升旅游体验中的整合潜力。通过对未来技术发展趋势的分析，本章提出了对河南历史文化名城保护工作的长远规划和设想，展现了数字技术在未来文化遗产保护中的广阔应用前景。

目　录

第一章　河南历史文化名城的概述与
保护的背景分析

第一节　历史文化名城的定义、概念、类别与特色表现

一、历史文化名城的定义

在探讨我国独特的"历史文化名城"概念之前需明白，在全球范围内，对这一类具有丰富历史与文化价值的城市的称呼及理解存在差异。国际上，与我国"历史文化名城"含义相近的常用词汇有"古城""历史城市"等。这些术语虽多样，却同样旨在突出城市的历史和文化深度[①]。在世界多地，被称为"历史城镇"的地方，特指那些拥有独特传统文化景观价值的城镇。这类城镇可能包含城市、小镇及历史中心或居民区，同时也融合了自然与人造的环境元素。这些"历史城镇"不仅是历史文献的载体，更是传统城市文化价值的体现，展现了历史上不同社会结构和文化的多样性[②]。

1982年，国务院批复了国家建委、国家城市建设总局、国家文物局《关于保护我国历史文化名城的请示》，这一行为标志着"历史文化名城"概念在我国正式确立。根据《中华人民共和国文物保护法》第十四条的规定，历史文化名城被定义为那些"保存文物特别丰富且具有重大历史价值或革命纪念意义的城镇、街道、村庄"。这一定义不仅强调了文化遗产的物质价值，也突出了城市文化景观的无形价值，表明了我国对历史文化名城保护的全面视角。对历史文化名城的保护不仅能够保存宝贵的历史文化遗产，还能在现代化进程中保留城市的独特身份和魅力。这种保护策略既是对历史的尊重，也是对未来发展的深远考虑。

---

①　周干峙. 城市化和历史文化名城 [J]. 城市发展研究，2003（4）：7–10.

②　阮仪三. 历史文化名城保护理论与规划 [M]. 上海：同济大学出版社，1999.

依据最新修订的《中华人民共和国文物保护法》，历史文化名城的界定依托于一套科学的法律概念，这些概念明确规定了历史文化名城应满足的关键要素。这包括城市中必须保存有大量的文物资源，这些文物不仅数量众多而且具有深远的历史价值或对于纪念革命具有特别意义。此外，这样的城市应当是仍在使用中的，而不是被遗弃或仅作为历史遗址的存在。至关重要的是，这些城市必须经过中华人民共和国国务院的核准并正式公布，这一程序赋予了历史文化名城以法律上的正式地位。这样的规定不仅强化了历史文化名城在法律上的保护地位，也确立了它们在国家文化遗产中的重要位置。中国特有的历史文化名城概念，因此拥有了明确的法律基础和保护机制，为这些城市的保护和传承提供了坚实的依据。

学者王景慧提出的对历史文化名城概念的澄清，强调了对该概念深入理解的必要性。他指出，历史文化名城的定义并不仅仅局限于其拥有悠久的历史和丰富的文化。更重要的是，这些城市在当下仍然保留着丰富的文物资源，这意味着仅仅历史的存在并不足以将一个城市定义为历史文化名城。这种观点进一步提出，历史文化名城除了需要拥有文物古迹外，还必须包含能够体现古城风貌的历史街区 ①。王景慧的这一论述指向了一个更为深入和全面的理解：历史文化名城的价值在于它们能够连接过去与现在，通过保持和展现其独特的历史街区和文化遗迹，为当代乃至未来的居民和游客提供一个直观的历史文化体验。这种体验不仅来源于单个文物或古迹，而是源于整个城市环境——包括街道布局、建筑风格乃至日常生活中的历史痕迹——所有这些元素共同构成了一座城市的历史文化身份。

学者甘枝茂和马耀峰对历史文化名城的理解提供了一个全面的视角，强调了这类城市在历史发展过程中的重要作用及其深远的文化价值。他们认为，历史文化名城不仅是随着时间积淀下来的城市，还包括那些在历史的某个阶段，因其在政治、军事、经济、科学以及文化艺术等方面的突出贡献而占据了独特地位的城市。这些城市之所以重要，不仅在于它们在物质文化遗产方面的丰富，更在于它们对周边、全国乃至全世界产生了影响 ②。甘枝茂和马耀峰指出，历史文化名城的价值并不局限于其表面的历史遗迹和文化表象，而是深植于这些城市所扮演的

---

① 王景慧.历史地段保护的概念和作法［J］.城市规划，1998（3）：34-36+63.
② 甘枝茂，马耀峰.旅游资源与开发［M］.天津：南开大学出版社，2000.

历史角色和它们对人类社会发展的贡献。这种定义强调了一种历史深度与文化广度的结合，提醒人们在评价和保护这些城市时，需要考虑到其在历史长河中的地位和作用。

王恩涌等学者的观点强调了历史文化名城对于国家的双重价值：既是不可估量的文化遗产，也是促进旅游发展的关键资源。这些城市通过其独特的历史和文化背景，吸引了大量国内外游客，成为旅游业的重要组成部分。实际上，许多在国内外享有盛名的旅游目的地，正是因为它们作为历史文化名城而著称[①]。这种观点不仅揭示了历史文化名城在维护国家文化身份和传承中的重要作用，也指出了这些城市在推动经济发展尤其是旅游业发展中的积极作用。历史文化名城提供了一种独特的旅游体验，使游客能够亲身感受和学习到中国丰富的历史和文化。这些城市的魅力不仅在于其古老的建筑和遗址，还包括了那些能够展现传统生活方式和文化实践的历史街区和社区。

阮仪三对历史文化名城的定义深具洞见，他将其视为不仅拥有大量丰富且保存状态良好的文物古迹，还应保留有鲜明的传统城市特色，包括代表城市传统的历史地段和街区。他进一步强调，对这些历史遗产的保护和合理利用，在城市发展和建设中起到了无可替代的重要作用和影响[②]。这个观点不仅体现了对历史文化遗产价值的认识，也揭示了在当代城市发展中，如何将这些遗产有效融入，使之成为城市发展的有机组成部分的重要性。

以上关于历史文化名城的定义，尽管不同学者可能在表述上略有差异，但核心观点却高度一致：历史文化名城被视为那些拥有丰富文物资源，并且包含能够体现城市传统特色的历史地段和街区，从而具有显著传统文化价值的城市。这一定义强调了历史文化名城不仅是过去的遗产，还是活生生的历史和文化的集合体，它们在今天依然扮演着重要的角色。通过这一定义，我们可以了解，历史文化名城并不是简单的由于其年代久远或拥有大量古迹而被称呼为此。更重要的是，这些城市通过其独有的历史地段和街区，展示了一种独特的城市传统特色，这种特色不仅包括物质形态如建筑风格、城市布局等，也涵盖了非物质文化遗产，如民俗、传统技艺等，这些都是城市文化身份和历史记忆的重要组成部分。

① 王恩涌，赵荣，张小林.人文地理学［M］.北京：高等教育出版社，2000.
② 阮仪三.历史文化名城保护理论与规划［M］.上海：同济大学出版社，1999.

二、历史文化名城的概念界定

随着《中华人民共和国文物保护法》的颁布，对历史文化名城的定义得到了法律层面的明确规范。该法律精确地界定了历史文化名城的标准：必须是保存文物特别丰富，并且具有重大历史价值和革命纪念意义的城市。此外，这一定义还涉及了一个重要的程序性规定——这类城市须由国家相关部门共同报请国务院核定和公布。这一法律规定不仅为历史文化名城的保护提供了明确的法律基础，而且也确立了一个全国性的识别和保护机制。这意味着，被认定为历史文化名城的城市，其独特的历史、文化和革命价值得到了国家层面的认可和重视，同时这也对城市的未来发展方向和保护工作提出了明确要求。

根据国家颁布的相关保护条例，对于申报历史文化名城、名镇、名村，已经设定了明确而详细的标准。这些标准旨在确保被认定的地区不仅在文化遗产保护方面具有显著的价值，而且在历史、社会及文化发展中扮演了重要的角色。具体而言，申报历史文化名城的标准包括几个关键要素：一是保存文物特别丰富，这意味着申报的城镇或村落必须拥有大量的文物资源，这些文物不仅数量众多，而且在质量上也需具有较高的文化价值和历史意义，能够反映出该地区悠久的历史和丰富的文化底蕴。二是历史建筑集中成片，申报地区应拥有大量历史建筑，这些建筑不仅以其数量和密度展现了历史的厚重感，而且通过其集中的分布形态，体现了特定历史时期的城市建设和规划理念。三是保留着传统格局和历史风貌，除了物质建筑外，申报地区还应保留有其传统的城镇格局和历史风貌。这包括道路布局、居民生活方式、其他与地区特有文化相关的社会习俗和生活细节，这些元素共同构成了地区独特的文化景观。四是历史上的重要角色和事件，申报地区在历史上需曾经担任过政治、经济、文化、交通中心或军事要地的角色，或在近代和现代发生过重要的历史事件。此外，还包括那些对地区发展产生过重要影响的传统产业、重大工程项目，以及能够集中反映地区建筑文化特色、民族特色的元素。

截至目前，我国已经成功批准了一系列城市作为国家级历史文化名城，体现了国家对于文化遗产保护和历史文明传承的高度重视。自 1982 年以来，通过几轮的审批和增补，中国的历史文化名城名单日益壮大，每一批次的批准都是对中国丰富历史和文化遗产的认可。1982 年，国务院首次批准了 24 个城市作为首批国家历史文化名城，这一行动开启了中国历史文化名城保护和管理的新篇章。这些城市被选中，是因为它们各自独特的历史地位、文化价值和艺术特色，它们的共同特点是保存有大量的文物古迹和具有独特的历史风貌。随后的几年里，国家继续扩大这一名单。1986 年，又有 38 座城市获批成为国家历史文化名城；1994 年，第三批 37 座城市被纳入名单中。这些新增的城市同样因其丰富的历史文化遗产和独特的城市特色而被选中。此后，国家还分别增补了 19 座城市进入国家历史文化名城的行列，其中包括 2011 年增补的嘉兴市、中山市、蓬莱市、会理县[①] 等城市，2012 年增补的新疆维吾尔自治区的库车县[②]、伊宁市，以及 2013 年增补的泰州市。这些城市的增补进一步丰富了中国历史文化名城的地理和文化多样性，也展示了中国对于不同地域、不同民族历史文化遗产的包容和尊重，具体如表 1-1 所示。

表 1-1　中国历史文化名城分布情况

地区	第一批 （1982 年）	第二批 （1986 年）	第三批 （1994 年）	2001~2013 年 增补	合计 （座）
北京	北京	—	—	—	1
天津	—	天津	—	—	1
河北	承德	保定	正定、邯郸	山海关	5
内蒙古	—	呼和浩特	—	—	1
山东	曲阜	济南	青岛、邹城、聊城、淄博	泰安、蓬莱	8
广东	广州	潮州	佛山、肇庆、雷州、梅州	中山	7
海南	—	—	琼山	海口	2
甘肃	—	武威、张掖、敦煌	天水	—	4
陕西	西安、延安	榆林、韩城	咸阳、汉中	—	6
青海	—	—	同仁	—	1
宁夏	—	银川	—	—	1
新疆	—	喀什	—	吐鲁番、特克斯、库车、伊宁	5

---

① 2021 年 1 月 31 日，经国务院批准，四川省人民政府同意撤销会理县，设立县级会理市。
② 现为库车市。

续表

地区	第一批 （1982 年）	第二批 （1986 年）	第三批 （1994 年）	2001~2013 年 增补	合计 （座）
辽宁	—	沈阳	—	—	1
吉林	—	—	吉林、集安	—	2
黑龙江	—	—	哈尔滨	—	1
上海	—	上海	—	—	1
江苏	南京、扬州、 苏州	镇江、常熟、 淮安、徐州		无锡、南通、 宜兴、泰州	11
浙江	杭州、绍兴	宁波	衢州、临海	金华、嘉兴	7
安徽	—	亳州、寿县、 歙县	—	安庆、绩溪	5
福建	泉州	福州、漳州	长汀	—	4
山西	大同	平遥	代县、新绛、祁县	太原	6
广西	桂林	—	柳州	北海	3
江西	景德镇	南昌	赣州	—	3
河南	洛阳、开封	安阳、南阳、 商丘	郑州、浚县	濮阳	8
湖北	江陵	武汉、襄阳	钟祥、随州	—	5
湖南	长沙	—	岳阳	凤凰	3
四川	成都	自贡、宜宾、 阆中	都江堰、乐山、 泸州	会理	8
贵州	遵义	镇远	—	—	2
云南	昆明、大理	丽江	建水、巍山	—	5
西藏	拉萨	日喀则	江孜	—	3
合计	24	37	37	22	121

三、历史文化名城的类别

（一）古都类历史文化名城

在中国悠久的历史长河中，封建王朝的统治模式持续了近两千年之久，自公元前 221 年秦始皇完成了对古代中国的首次统一之后，虽然历史上出现过多次分裂和战乱，以及朝代的更迭，但在大部分时期，古代中国都是一个统一的国家。

在这样的历史背景下，帝王居住和治理国家的城市成为了封建王朝的都城，其中最著名的包括西安和北京等城市。例如，西安，作为中国 13 朝古都，有着"长安"和"镐京"等历史名称，是世界四大古都之一。周、秦、汉、隋、唐等多个朝代以此为都，西安不仅是政治权力的中心，也是经济、文化的重镇。长安城的规划和建设影响深远，不仅代表了中国古代都城规划的高峰，其城市布局、宫殿建筑的风格等也成为后世模仿的典范。再如，北京，另一座历史悠久的都城，是元、明、清三个朝代的都城。北京的紫禁城，作为明清两代皇帝的皇宫，不仅是中国封建社会最高权力的象征，也是中国古代宫廷建筑的杰出代表，体现了古代工匠的卓越才智和封建王朝的文化艺术成就。这些都城不仅承载了中国丰富的历史文化遗产，也是中国古代文明的重要象征。它们见证了中国历史上许多重要的政治、军事和文化事件，承载着中华民族的记忆和文化传统。同时，这些城市中保存的宫殿、城墙、寺庙等历史遗迹，不仅吸引着世界各地的游客，也成为研究中国历史和文化的重要窗口。

在中国历史上，那些作为都城的名城，不仅是封建帝王行使政权和统治的中心，同时也是他们居住和进行宗教祭祀活动的地方。这些城市中的宫殿、坛庙、陵墓、园囿等建筑，不仅数量众多，而且极其富丽宏伟，反映出当时封建社会的繁荣和帝王权力的集中。这些建筑的存在，不仅是政治权力的象征，也是中国古代建筑艺术和园林艺术的集大成者，至今仍吸引着无数游客的目光，被视为中华文明不可多得的宝贵遗产。如唐代的长安城，其面积达到了 8700 平方公里，是当时世界上规模最大且规划最为严谨的城市之一。长安城不仅是政治、经济、文化的中心，还是东西方文化交流的重要枢纽。城内的大明宫、大慈恩寺等建筑物，无论是在规模还是艺术价值上都达到了极高的水平，成为后世建筑的典范。清朝时期的北京城，面积为 6770 平方公里，同样展现了中国古代城市规划和建筑艺术的高度成就。紫禁城作为清代皇帝的居所，其建筑群规模宏大、布局严谨，不仅体现了中国古代的建筑技术和艺术水平，也反映了封建社会的等级制度和礼制文化。此外，北京的天坛、颐和园等，不仅是皇家祭祀和休憩的地方，也是中国园林艺术的杰出代表。

中国的都城，如同历史上的璀璨明珠，不仅承载着丰富的历史文化遗产，而且展现了中国封建时代深邃的规划智慧和建筑艺术。这些建筑群落，不仅因其规模宏大和建筑技艺精湛而闻名遐迩，更因其深刻体现了中国古代封建统治者对儒家学说的崇尚和对哲学思想的继承。在都城的规划和建设中，儒家哲学思想的影响尤为显著，强调布局的方正规划和中轴对称，寓意着"不正不威"和"居中不偏"的治国理念。《周礼·考工记》中制定的营建都城法则，成为了历代都城规划的金科玉律。这些规则不仅反映了中国古代对城市规划和建设的高度重视，也体现了古代中国人对和谐、秩序与美感的追求。从汉朝长安到唐朝长安（今西安）、宋朝的东京（今开封）、元朝的大都（今北京）、明朝的南京，再到清朝的北京，每一座都城的规划和建设都细腻地遵循着这一传统，体现了"前朝后市、左祖右社"和"旁三门、九经九纬"的城市格局理念，将封建礼仪制度的精髓和都城的政治、文化意义完美结合。

（二）地区统治中心类历史文化名城

中国的地理特征和历史发展模式塑造了其独特的政治和文化格局。国土辽阔，多样的自然地形和山川分割成就了各个地区的相对独立性。在封建时代，这种地理与政治的特性促成了多中心的治理模式，尤其在王朝分裂或割据的时期，不同的地区拥有自己的政治中心，即首府。这些首府不仅是行政管理的中心，也是经济、文化和军事的重要节点。从汉高祖刘邦开始，分封制度成为维持封建王朝统治的一种手段。刘邦分封了他的儿子们为各诸侯国的国君，并为他们各自立国都，这种做法在后续的历代封建王朝中得以延续。这些诸侯国的都城或藩王所在的城市，因其地位的特殊性，成为了地区的政治和文化中心，其影响力往往超出了行政职能的范畴，对周边地区产生了深远的影响。明朝时期，封藩制度达到了顶峰。远离京城的地区设有藩王，这些藩王治下的城市自然成为了地区的统治中心。这些城市一般都是州、府级的城市，随着时间的推移，很多城市发展为各省的省会。这不仅说明了封藩制度在中国封建社会中的重要地位，也反映了这些城市在政治、经济、文化方面的重要作用。

中国的历史名城不仅是历史的见证者，也是文化传承和城市发展的重要舞台。这些城市承载着中国悠久的历史，见证了数千年的文明变迁。它们中的许多还是少数民族文化展现的舞台，充满了独特的历史韵味和文化特色。然而，随着时代的发展，这些城市面临着发展与保护之间的复杂问题，成为了城市规划和文化遗产保护领域中的重要课题。如成都，作为中国西南地区的中心城市，拥有深厚的历史文化底蕴。自古以来，成都因其得天独厚的地理位置和宜人的气候条件，是重要的政治、经济和文化中心。在三国时期，它是蜀汉的国都；到了五代时期，又成为前蜀和后蜀的国都。历代文人墨客留下的大量文化遗产，如武侯祠、杜甫草堂、王建墓等，不仅为成都增添了无穷的文化魅力，也成为了研究中国古代文化和历史的宝贵资源。这些文化遗产的保护与利用，对于传承中华文化、促进地方经济发展具有重要意义。西藏的拉萨，一直是藏族文化的心脏地带。布达拉宫、大昭寺、色拉寺等不仅是藏传佛教文化的象征，也是古代建筑艺术的精华。这些建筑不仅承载着丰富的宗教文化和历史信息，而且以其独特的艺术风格和建筑技艺，展示了中国古代建筑的卓越成就。拉萨独特的民族风情和奇丽的自然风光，使其成为国内外游客向往的地方，也对保护和传承藏族文化、促进地方旅游业的发展起到了推动作用。

（三）风景名胜类历史文化名城

中国的历史名城因其深厚的文化底蕴而闻名遐迩，也因其独特的城市风光吸引着无数的目光。这些城市，融合了优美的自然景色和丰富的人文景观，成为了展现中国特色社会主义精神文明和物质文明的重要窗口。它们的特色在于，风景点多位于城市中心或近郊，与城市的建设和发展紧密相连，形成了一种人与自然和谐共处的美好景象。这种独特的城市风光与纯自然风景区如山岳、湖泊等有着本质的不同。它们不仅提供了旅游休闲的空间，更是文化传承和精神陶冶的场所。这些城市中的人文景观，如古迹、寺庙、园林以及与之相关的历史故事和文化传说，深深吸引着每一位游客，让人们在享受自然美景的同时，也能深刻体会到中国悠久的历史和丰富的文化内涵。

例如，苏州，被古人赞誉为"上有天堂，下有苏杭"，这句话不仅体现了苏州自然景色的美丽和生活的丰裕，更彰显了其深深植根于中华文明中的独特地位。苏州的魅力，在于它不仅保持着古典的优雅，更在于它对自然美和人工艺术的和谐结合，尤其是在私家园林建筑方面的卓越表现。苏州园林是中国私家园林建筑的典范，以拙政园、留园、狮子林、网师园等为代表，每一座园林都是精心设计、布局合理的艺术品。这些园林不仅展示了中国园林建筑的精妙，也融合了诗、书、画、印等多种中国传统文化元素，充分体现了"借景造园、以小见大"的园林设计理念。苏州园林之所以独具一格，不仅因其精湛的园林艺术和深邃的文化内涵，更因其能够在有限的空间内创造出无限的自然和文化意境，让人们在繁忙的现代生活中找到一方宁静与和谐的净土。

再如，桂林，这座城市因其独特的岩溶地形和秀美的山水而闻名于世，被誉为"桂林山水甲天下"。这里的自然风光赋予了桂林无与伦比的美丽，也激发了无数文人墨客的创作灵感，留下了诸多充满诗情画意的描述和摩崖石刻，使桂林的山水之间不仅流淌着清澈的河水，更流淌着深厚的文化内涵。桂林的山水之美，可以用"江作青罗带，山如碧玉簪"来形容，其画面不仅让人仿佛置身于一幅生动的山水画中，更是让人感受到了中国古典文化的韵味和深意。桂林的美，不仅在于其自然景观的独特，更在于这些自然景观和人文景观的完美结合，构成了一幅幅生动的风景画，展现了自然与人文的和谐共生。

（四）民族及地方传统特色类历史文化名城

随着社会的进步和现代化的飞速发展，城市景观和结构发生了翻天覆地的变化。这种变化在一定程度上提高了人们的生活质量，促进了经济的快速发展，但也带来了一些问题，尤其是城市同质化现象日益严重。随着科技的交流和文化观念的变化，许多城市在追求发展和现代化的过程中，逐渐失去了自己独特的文化身份和历史特色，变得越来越相似。在这样的背景下，那些能够完整保留过去岁月遗存的建筑和群体变得尤为珍贵。这些传统的城市格局和建筑群，不仅是一座城市历史和文化的见证，也是城市记忆和身份的重要标志。它们向人们展示了一个城市独特的发展轨迹和文化底蕴，提供了一种无法替代的历史体验，让人们能够直观地感受到历史的厚重和时间的流转。

少数民族聚居的城市，如云南的大理、西藏的拉萨、内蒙古的呼和浩特，以其独特的民族文化和建筑风格，为中国增添了独特的民族风情画卷。这些城市的建筑和文化，如藏式建筑的布达拉宫、白族的三道茶文化等，不仅是民族文化的象征，也是民族精神的体现。它们反映了我国民族多样性和文化包容性的国家特征，是不可多得的文化遗产。例如，平遥和喀什以其独特的历史文化遗产和鲜明的地域特色，成为了两颗璀璨的文化明珠。这些城市不仅是石头和木头构成的建筑群，它们还是活生生的历史，是文化的载体，是民族精神的象征。平遥，这座位于山西的古县城，以其保存完好的城池和城市格局而闻名于世。走进平遥，仿佛穿越回了明清时代。城内的街巷布局、住房建筑几乎都保留了几百年前的风貌。平遥的城墙高大雄伟，围绕着整个城市，见证了历史的变迁。城中的古建筑群，如日升昌票号旧址等，不仅展示了古代商业和居住的风格，也反映了当时社会的经济和文化繁荣。这些建筑的艺术价值极高，无论是雕梁画栋的精美，还是布局的巧妙，都让人叹为观止。平遥不仅是国内罕见的完整古城风貌保存地，也是世界文化遗产之一，它向世界展示了中国古城市的独特魅力和深厚的历史文化底蕴。喀什，这座位于新疆西南部的古城，是"丝绸之路"的重要节点，历史上曾是商旅往来和文化交流的重要城市。喀什以其丰富的伊斯兰文化遗产而著称，众多的寺庙和陵墓，如艾提尕尔清真寺、香妃墓，都展现了伊斯兰建筑艺术的精华。在喀什的老城区内，狭窄的街道、古老的民居、热闹的集市及丰富的手工艺品，无不透露出浓郁的维吾尔族特色。喀什不仅是维吾尔族的聚居地，也是了解维吾尔族文化和历史的重要窗口。喀什的音乐、舞蹈、饮食和手工艺品，都充满了独特的民族风情，为这座古城增添了无限的生命力和魅力。

（五）近代革命纪念意义的历史文化名城

历史文化名城不仅见证了中国人民为争取民族独立、人民解放和国家富强不懈斗争的历史过程，更承载了无数英雄儿女的革命精神和英勇事迹。它们是中国近代历史的重要组成部分，是连接过去与现在、传承红色基因的桥梁。许多重要的革命事件都在这些城市发生，留下了丰富的文物和建筑，记载着中国人民革命斗争的壮阔历程。如南昌起义、长征、井冈山斗争、延安整风运动等，每一处革命遗址都是中国共产党领导中国人民进行革命斗争、探索中国特色社会主义道路的历史见证。这些城市和遗址成为了研究中国近代史、传承革命精神、开展爱国主义教育的重要基地。近代革命历史文物的保存与传承具有无可估量的文化和科学价值，这些文物不仅为研究中国近代史提供了珍贵的第一手资料，更是进行思想政治教育的重要资料和实物。通过对这些革命历史遗址和文物的保护和利用，可以让更多的人了解中国共产党领导下的中国革命历史，理解革命先辈为国家独立和人民解放所付出的巨大牺牲，从而激发人们的爱国情怀和革命热情。

上海，这座充满活力的国际大都市，不仅是中国经济发展的重要引擎，更是中国近代历史上极具标志性的城市。它见证了中国共产党的诞生，承载着深重的革命历史意义。上海的每一块砖瓦，每一条街道，都深刻印记着中国人民为追求民族独立和人民解放而进行的艰苦斗争。中共"一大"会址，是中国共产党诞生的圣地。1921年，中国共产党第一次全国代表大会在这里召开，开启了中国共产党领导中国人民进行革命斗争的新纪元。这座不起眼的小楼，见证了中国革命历史上的重要时刻，是中国共产党精神的发源地，对每一个中国人来说都有着特殊的意义。如今，这里成为了重要的纪念地和教育基地，吸引着无数瞻仰者前来缅怀先辈，学习革命精神。除了中共"一大"会址，上海还拥有许多其他革命纪念建筑，如四行仓库、瞿秋白寓所等，这些地方都是中国共产党早期活动的见证，是革命历史的宝贵遗产。它们不仅记录了中国共产党领导下的革命斗争和英雄事迹，也是进行爱国主义教育和革命传统教育的重要场所。

延安，这座位于中国陕西北部的城市，因其在中国新民主主义革命历史中的独特地位而被誉为革命圣地。在长达十四年的时间里（1935~1948年），延安不仅是中国共产党的中央所在地，也是抗日战争和解放战争时期中国共产党领导中国人民进行革命斗争的前沿阵地。延安见证了中国共产党从小到大、从弱到强的历史进程，是中国革命的重要象征，承载着中华民族抗争历史的丰碑。延安留下了大量的革命遗址，这些遗址不仅具有极高的历史价值，也是研究中国新民主主义革命历史不可或缺的实物资料。包括毛泽东旧居、中共中央党校延安旧址、延安革命纪念馆、王家坪革命旧址等在内的许多遗址，已成为国家重点文物保护单位。对这些革命遗址的保护和利用，得到了党和国家的高度重视，其不仅是红色教育的基地，让一代又一代的中国人铭记革命先烈的英雄事迹，更是研究和传承中国革命精神的宝贵资源。

（六）海外交通、边防、手工业等特殊类历史文化名城

历史文化名城，不仅在历史上扮演了重要角色，也成为了中国古代科技和文化发展的重要见证。随着时间的推移，虽然一些城市的原有功能可能已经发生了变化或被新的功能所取代，但它们所承载的历史价值和文化意义，仍是不可或缺的宝贵遗产，必须得到妥善保护和充分发掘。一些城市因位于大江大河的入海口而发展成为海外交通的重要城市，如广州、上海等。这些城市凭借其优越的地理位置，成为了连接中国与世界的重要窗口，不仅促进了经济的发展，也成为了文化交流的重要平台。在历史的长河中，它们见证了中国与世界各国之间的贸易往来和文化互鉴，记录了中国从封闭到开放的历史进程，体现了中国在全球化背景下的开放姿态和包容心态。边防城市，如嘉峪关、长城沿线的城池等，因战略位置重要而建造。这些城市在防御外敌入侵中发挥了巨大的作用，是中国古代军事防御体系的重要组成部分。它们的建造和存在，不仅体现了古代中国人在军事防御技术上的智慧和创造力，也展示了中华民族坚韧不拔、自强不息的民族精神。

例如，泉州位于中国福建东南部，自古以来就是中国对外开放的重要窗口之一。特别是在宋元时代，泉州成为了繁盛的海外贸易中心，其繁荣程度在当时堪称无与伦比。泉州的城南"蕃坊"，是外国商人的聚居地，这里会聚了来自西亚、

东南亚及其他地区的商人，形成了一个多元文化交流和融合的生动场所。这不仅促进了泉州的经济发展，也使泉州成为了一个多民族、多宗教共存的国际化城市。泉州的历史价值和文化意义，不仅体现在其曾经的经济繁荣上，更体现在留存至今的众多历史遗迹和文化遗产中。泉州拥有中国最早的伊斯兰教寺——清净寺，这座寺庙是研究伊斯兰教历史的重要遗址。同样，规模宏大的开元寺、古老的安平桥等，都是国家重点文物保护单位，它们见证了泉州悠久的历史和丰富的文化底蕴。

再如，景德镇，这座位于江西的城市，因其丰富的瓷土资源而成为世界瓷器的代名词。自宋代景德年间起，其因烧制御用瓷器而得名，其声誉自此传遍四海。景德镇不仅是中国瓷器的发源地，也是世界瓷器文化的重要象征。景德镇之所以能成为"瓷都"，离不开其得天独厚的自然资源和历代工匠的精湛技艺。这里的瓷土质地优良，加之工匠世代相传、不断创新的瓷器制作技术，使景德镇的瓷器以其质地细腻、造型美观、装饰精美、品种繁多而闻名于世。从御用瓷器到百姓日用品，从传统青花、粉彩到现代创意瓷艺，景德镇的瓷器艺术无不展示着中国传统文化的深度与广度。历代瓷窑遗迹和景德镇瓷史博物馆，为人们提供了解这座城市瓷器发展史的窗口。瓷窑遗迹见证了瓷器生产的历史变迁，而瓷史博物馆则通过珍贵的藏品和翔实的史料，让人们得以一窥中国瓷器从古至今的艺术演变和技术进步，深刻感受到景德镇在世界瓷器文化中的独特地位和重要贡献。

又如，榆林，这座历史悠久的边防城市，位于中国陕西北部，是明清时期著名的边防重镇。它的建设初衷主要是为了军事防御，以抵御北方游牧民族的入侵。然而，随着时代的变迁，特别是自清代以后，随着边境的逐渐安定，榆林的功能也经历了显著的转变，从一个军防性质的城市逐渐演变成为一个重要的边外交通贸易中心。尽管如此，榆林的城市格局仍然保留了其军事防御的特点，成为了研究中国古代边防城市建设和历史演变的重要实例。榆林的历史地位在于它不仅是军事要塞，也是古代丝绸之路的重要节点之一。在明清时代，榆林作为抵御北方民族侵扰的前沿阵地，有着非常重要的战略地位。城市周围建有壮观的城墙和堡垒，既是军事防御的需要，也体现了当时的建筑技术和军事智慧。城市内的布局严谨，既符合军事要求，也考虑到了居民的生活需要，这一点在当时的城市建设中颇为罕见。

对于中国的历史文化名城，它们的特点和价值是多维度和复合型的，无法单一地将每座城市刚性地归入某一具体类别。以杭州为例，这座城市不仅是中国七大古都之一，拥有悠久的历史和深厚的文化底蕴，还是著名的旅游胜地，以西湖等闻名于世。因此，在对历史文化名城进行分类时，我们需要根据它们的主要特点、次要特征、人们的普遍认知来综合判定，这种分类方式虽不可能完全严密，但目的是更清晰地理解每座城市的独特价值，并据此制定出合理的保护对策和措施。杭州的例子凸显了许多历史文化名城共有的特性：它们往往兼具多种历史文化属性。杭州既是古都类城市，又因其独特的自然景观和人文景观，具有风景类城市的特征。这种情况在中国的历史文化名城中并不罕见，以下笔者就针对我国部分历史文化名城进行分类，具体如表1-2所示。

表1-2　中国历史文化名城类别划分

城市类型	主要城市	次要城市
古都类	北京、西安、洛阳、开封、南京	无
地区统治中心类	成都、曲阜、拉萨、长沙、昆明、沈阳、南昌、呼和浩特、徐州、福州、日喀则、济南、银川、保定、漳州、南阳、襄阳、宜宾	苏州、扬州、镇江、大同、武汉、武威、大理
风景名胜类	扬州、苏州、绍兴、桂林、镇江、常熟、敦煌、承德	北京、杭州、昆明、曲阜
民族及地方特色类	平遥、喀什、大理、镇远、丽江、韩城、潮州、歙县、淮安、江陵、商丘	苏州、绍兴、昆明、拉萨、日喀则、呼和浩特、阆中、北京
近代革命史迹类	上海、天津、武汉、延安、遵义	南京、广州、长沙
海外交通、边防	泉州、广州、景德镇、自贡、寿县、亳州、宁波、大同、阆中、榆林、武威、张掖	平遥、南阳

四、历史文化名城特色的表现

（一）文物古迹的特色

历史文化名城作为中国悠久历史和灿烂文化的缩影，其独特的魅力往往通过城市中的文物古迹得以展现。这些文物古迹不仅承载着厚重的历史文化内容，也以其独特的形式，成为了连接过去与现在的桥梁。它们的存在不仅让我们得以见证古代人民的智慧和创造力，也是进行历史文化教育和研究的宝贵资源。以开封和安阳为例，人们可以深刻理解到，不同的历史文化名城具有其独特的文化特色和历史内涵。开封，这座历史上著名的北宋东京城，以宋代文化为主要特色。其中，铁塔和繁塔均为宋代的文物遗存，至今仍然屹立在开封这片古老的土地上，见证了宋代的繁荣和开封的文化底蕴。大相国寺中，虽然现存建筑多为明清时期所建，但其历史可以追溯到宋代，与宋代的轶事紧密相连，成为了解宋代文化和佛教文化的重要窗口。安阳，这座城市以殷商遗址闻名于世，是中国有史以来最早的都城遗址之一。殷墟王宫遗址和墓葬，以及通过考古挖掘出土的各种文物，不仅证实了商朝的存在，也向世人展示了那个时代的文化和社会生活。殷墟的发现和研究，对于研究中国古代历史、了解中国早期文明发展具有极其重要的意义。这些文物古迹的特色不仅在于其本身所代表的历史文化内容和艺术价值，更在于它们对于当前和未来社会的影响。它们是历史的见证，是文化的传承，是民族的记忆。通过对这些文物古迹的保护和研究，我们不仅能够更好地认识和理解中国悠久的历史和丰富的文化，也能够在传承与发展中汲取智慧，为构建更加美好的未来提供灵感和力量。

（二）自然环境的特色

中国的历史文化名城中，自然环境的特色是其独特魅力的重要组成部分。这些城市不仅因其丰富的历史文化遗产而著称，更因其独特的自然风光而引人入胜。山水之城，风景之地，每一处自然景观都与城市的历史文化紧密相连，共同编织出一幅又一幅迷人的画卷。从南方的水乡绍兴，到北方的山水园林承德，再到泉州、大理这些依山傍水的城市，不同的自然环境赋予了每座城市独特的气质和风貌。

绍兴，作为典型的南方水乡城市，以其独特的水乡特色著称。绍兴的河流密布，小桥流水人家，充满了江南水乡的柔美和宁静。在这里，水不仅是城市的风景，更是城市生活的一部分。乌篷船穿梭在小河上，古朴的石桥与沿岸的传统建筑相映成趣，构成了充满诗意的江南水乡画卷。承德，被誉为"北方江南"，以其大型皇家园林和自然环境的密切结合而闻名。承德的外八庙和承德十景，完美地展现了人与自然和谐共处的理念。这里的山水园林，不仅体现了皇家园林的雍容华贵，更展示了北方风光的壮丽和秀美。承德的自然与人文景观相得益彰，成为了研究中国园林艺术和皇家文化的重要场所。大理，面朝洱海，背靠苍山，是云南著名的历史文化名城。大理的自然景观独具特色，苍山洱海的自然风光与古城的历史文化相辅相成，构成了壮丽的山水画。大理不仅是旅游胜地，更是文化的汇聚地，其独特的地理位置和自然环境，孕育了丰富多彩的民族文化和艺术。泉州，依山傍水，其自然环境同样为城市的发展和文化的形成提供了独特背景。泉州的海港历史悠久，是海上丝绸之路的重要起点之一，其依山傍水的地理特征不仅为其经济的发展提供了便利，也为城市的文化交流和多元文化的融合提供了条件。

（三）城市的格局特色

城市的格局特色是其规划思想和历史文化背景的直接反映，展示了城市建设者对于空间布局的审美追求和实用需求的平衡艺术。中国古代城市规划讲究"方圆之道"，追求轴线分明与构图方正，体现了古人对宇宙观的理解和城市功能的合理布局。通过观察不同城市的格局特色，广大学者可以洞察到每座城市独特的文化特性和历史脉络。例如，河南商丘的城市布局是中国古代州府城市规划理念的典型代表。其外城呈圆形，内城方正，通过护城河的宽广布置，既有利于城市的防御，也便于水运和排泄。城中道路的纵横规则和路格的均等划分，展示了古代城市规划的严谨性和实用性。这种布局不仅满足了古代城市的防御和生活需求，也体现了古人追求天人合一、秩序井然的审美观念。

苏州的城市格局则深受其水网密布的自然环境影响，形成了独特的前街后河、街河相交的双棋盘格局。这种格局既适应了苏州作为江南水乡的地理特点，也充分利用了水系对于城市运输、排污和生活供水的重要作用。苏州的街河格局，不仅是对自然环境的高度适应，也是对城市生活美学的深刻体现，让苏州成为了兼具实用性与美观性的水乡模范。常熟的城市格局，以其"十里青山半入城"的独特风貌而闻名。这种格局巧妙地将自然风光引入城市之中，使得城市与自然和谐共存，展现了中国古代城市规划中"以人为本，贴近自然"的理念。常熟的城市布局不仅提高了城市居民的生活质量，也成为了城市与自然和谐共处的生动范例。这些城市的格局特色，不仅反映了各自的自然环境和社会文化背景，也体现了中国古代城市规划的智慧和审美追求。在当代城市建设和规划中，我们仍然可以从这些古代城市的格局中汲取灵感，探索如何在保护历史文脉和自然环境的基础上，创造出既符合现代功能需求，又具有历史文化特色的城市空间布局。

（四）城市轮廓景观及主要建筑和绿化空间的特色

城市轮廓景观及其主要建筑和绿化空间的特色，不仅反映了一座城市的历史文化底蕴，也体现了其自然地理环境和城市规划设计的独特性。这些特色成为了城市的视觉标识，讲述着城市的故事，展现了城市的魅力和个性。以陕西榆林为例，我们可以深刻感受到一座历史名城如何通过其独特的轮廓景观、建筑物和绿化空间构建出独一无二的城市形象。榆林地理位置独特，东倚驼山，西邻榆溪河，这种得天独厚的自然地理条件不仅为城市提供了天然的屏障，也为城市的轮廓景观增添了独特的自然美。城中的一条贯通南北的大街，更是城市交通和商贸的主干道，历史上跨街而建的十座牌坊和楼阁，虽然现存四座，但仍然向世人展示了榆林作为边塞古城的雄浑与古朴。

榆林城中的建筑多为低层瓦房，沿街而建的雕楼层层叠叠，形成了边塞古城独特的雄健轮廓。这些建筑不仅承载着榆林悠久的历史文化，也展示了古代工匠的精湛技艺和独特的建筑美学。城南的凌霄塔，作为城市的制高点，更是榆林城轮廓的重要组成部分，其独特的建筑风格和历史价值，成为了榆林城独特魅力的象征。除了城市的建筑特色，榆林城的绿化空间也是其独特魅力的重要体现。城外的防沙林，是对抗沙漠侵袭、保护城市生态环境的重要屏障，被誉为"沙漠卫士"。这些防沙林不仅有效地防止了沙尘暴对城市的侵袭，也为城市增添了一道独特的绿色风景线，展现了榆林人民与自然和谐共生、共同守护家园的坚强意志和智慧。

（五）建筑风格和城市风貌的特色

城市的建筑风格和城市风貌是其文化、历史、地理和社会背景的直观体现。这些风格和风貌不仅反映了一个地区的建筑传统和技术水平，还反映了当地人民的审美倾向和生活方式。由于中国幅员辽阔，不同地区的气候条件、可用材料、民族习惯等因素各不相同，造就了丰富多样的建筑风格和城市风貌。在中国北方，建筑风格往往厚重而庄严，如山西平遥古城的建筑，多以大宅院和窑房为特色，体现了北方建筑的坚固与深邃。明清时期，城市的繁荣带来了建筑装饰的华丽，形成了具有地方特色的建筑风格。这些建筑不仅在功能上满足了居民的生活需求，而且也在形式上也追求了美观和气派，反映了当时社会的富庶和文化的自信。

在南方，如江南水乡的建筑，展现出一种轻巧明快的风格。水乡的房屋多为木结构，屋顶低矮，以适应多雨的气候条件，同时河流密布的地理环境也使许多建筑依水而建，形成了别具一格的水乡风貌。这种建筑风格不仅与自然环境和谐统一，也体现了江南人民对生活的细腻感受和艺术追求。

在高原地区，如西藏，建筑风格则显得粗犷而朴实，色彩鲜明，仅使用黑、绛、黄、白、金五色，这与其独特的地理环境和民族文化密切相关。藏式建筑既要适应高原气候的严酷，又要满足特色地域文化的需求，因此形成了独特的建筑风格，不仅坚固耐用，而且充满了宗教色彩和民族特色。

（六）名城物质和精神方面的特色

历史名城是古建筑和美丽风景的集合，更是一种文化和精神的传承。每座城市都有其独特的物质和精神方面的特色，这些特色构成了城市的鲜明个性和深厚的文化底蕴。从诗歌、音乐、舞蹈、戏曲到书法、绘画、雕塑，再到编织、印染、冶炼等工艺美术，以及特有的菜肴、风味饮食、衣冠装饰和民俗风情，这些文化艺术传统和传统社会基础是历史名城不可分割的组成部分。这些传统艺术和文化，有的已经在历史的长河中湮没失传，有的则久享盛名，成为城市的文化象征和骄傲。它们不仅丰富了城市的文化生活，增强了城市的吸引力，也是连接过去与现在、继承与发展的重要纽带。因此，对这些文化艺术传统的发掘、扶植和合理发展，对于保护和传承历史名城的文化遗产具有重要意义。

例如，京剧作为北京的象征之一，不仅反映了北京丰富的历史文化，也是中国传统文化的重要组成部分。苏绣和杭州丝绸，代表了苏州和杭州深厚的工艺美术传统，不仅体现了这两座城市在古代手工艺上的高超技艺，也展示了中国传统文化的精致和雅致。四川的麻婆豆腐、陕西的羊肉泡馍等地方特色菜肴，则通过独特的味道讲述着各自城市的历史故事和生活方式。为了使这些文化艺术传统和特有的社会基础得到合理的发展和传承，有关部门需要采取积极措施进行保护和推广。一方面，可以通过建立博物馆、文化中心、工艺作坊等平台，对传统艺术进行展示和教育，吸引更多人的关注和参与。另一方面，通过文化节庆、艺术表演、手工艺市场等活动，让传统文化融入现代生活，使之活跃于当代社会，增强文化的生命力和影响力。

第二节　河南历史文化名城的发展脉络

一、郑州

郑州作为河南的省会，不仅在政治、经济和文化方面占据了核心地位，而且在中国悠久的历史中有着不可替代的地位。其独特的地理位置和深厚的历史文化，被誉为"雄峙中枢，控御险要"，体现了其在中国历史上的重要作用。作为中华民族的重要发源地之一，郑州还在春秋战国时期见证了郑国和韩国在新郑建都的历史，成为中国八大古都之一。郑州珍藏着众多历史名胜和文化古迹，如裴李岗遗址、轩辕黄帝故里、商城遗址等，这些地方不仅对研究中国早期文明具有重要意义，而且吸引了众多历史爱好者和游客。郑州还拥有多处被列为国家级文物保护单位的重要文化遗产，对这些文化遗产的保护和传承对于弘扬中国传统文化、提升民族自豪感具有深远的影响。

除了丰富的历史文化遗产，郑州还拥有嵩山风景名胜区、少林寺、嵩阳书院等历史文化旅游资源，这些景区不仅展示了中国传统文化的精髓，也为游客提供了深入了解中国历史和文化的机会。郑州的这些旅游景点因其独特的文化价值和历史意义，成为了国内外游客的必游之地。值得一提的是，郑州在1994年就被国务院批准为历史文化名城，这一荣誉的获得不仅是对郑州丰富历史文化资源和深厚历史文化底蕴的认可，也是对其在保护和传承文化遗产方面所做出努力的肯定。作为一座历史文化名城，郑州不断努力在现代化发展中保护和利用好历史文化资源，以文化为魂，促进历史与现代的和谐共生，展现出独特的城市魅力和文化自信。

二、洛阳

洛阳，坐落于河南西部黄河南岸，自古以来就被誉为"居天下之中"和"九州腹地"，地理位置之优越，也象征着其在中国历史和文化中的重要地位。洛阳拥有深厚的历史文化底蕴，是中国古代文明的重要发祥地之一。其龙门石窟、白马寺等众多文化遗迹，是中国古代文化艺术的瑰宝，吸引了无数国内外游客前来探寻和瞻仰。作为"九朝古都"，洛阳见证了多个朝代的兴衰更替，留下了丰富而珍贵的文化遗产。这些遗产包括都城遗址、寺庙石窟、墓葬和碑碣等，具有极高的历史价值，也是研究中国古代历史和文化的重要资料。洛阳的文化遗产得到了国家的高度重视，其中国家级文物保护单位、省级文物保护单位以及市县级文物保护单位数量之多，展示了洛阳在中国文化遗产保护方面的重要地位。

洛阳出土的文物数量多达数万件，这些文物不仅丰富了国家的文化宝库，也为研究中国古代文明提供了宝贵的实物证据。特别是沿洛河排列的夏、商、东周、汉魏、隋唐大都城遗址，这一连串的历史遗迹在世界历史文化遗产中都是罕见的，被史学界高度评价为"五都荟洛"。这些遗址不仅证明了洛阳在中国古代历史上的重要地位，也展示了中华文明的博大精深和连续性。1982年，洛阳被国务院列为国家历史文化名城，这一荣誉的获得，不仅是对洛阳丰富历史文化遗产的认可，也是对其在中华文化史上独特地位和贡献的肯定。作为国家历史文化名城，洛阳不仅肩负着保护和传承历史文化遗产的责任，也承担着推动文化旅游、促进经济社会发展的重要任务。

三、开封

开封，这座位于河南东部、黄河南岸的城市，历史悠久、文化灿烂，曾是中国历史上七朝古都的重要组成部分。这座城市不仅拥有丰富的文物遗存，而且其城市格局自古形成，保留了浓厚的古城风貌和北方水城的独特魅力，集中展示了开封悠久的历史传统和丰富的文化内涵。开封在北宋时期的重要性尤为突出，那时的开封，或称东京，不仅是中国的政治、经济、军事、科技和文化中心，还是当时世界上最为繁华的城市之一。作为北宋的都城，开封见证了中国历史上一个极为重要的时期，那是一个文化艺术、科学技术飞速发展的黄金时代，开封的繁荣程度在当时是独一无二的。

随着时间的推移，尽管朝代更替，开封至今仍保留着丰富的历史遗迹和文化遗产，是研究中国古代历史和文化的宝贵资源。这些遗迹和遗产不仅为开封这座城市增添了无穷的魅力，也吸引了无数历史爱好者和游客前来探索和体验。开封的重要性在1982年得到了国家的高度认可，当年被国务院列为国家历史文化名城。这一荣誉的获得，不仅是对开封历史地位和文化价值的肯定，也是对其在保护和传承中国传统文化中所扮演角色的认可。作为国家历史文化名城，开封承载着保护历史文化遗产、传承历史文化传统的重要使命，同时也面临着如何在现代化进程中保持和发扬这些价值的挑战。

四、安阳

安阳，坐落于河南的最北端，处于晋、冀、豫三省的交汇之地，拥有深厚的历史文化底蕴，是中国古代文明的重要发源地之一。这座城市以殷商王朝后期的都城身份闻名于世，被誉为我国著名的古都之一。安阳不仅见证了中华民族早期的繁荣和发展，其独特的历史文化特色也为后世留下了宝贵的遗产。安阳的历史悠久，文化遗存异常丰富，其中殷墟遗址和甲骨文的出土地尤为著名。殷墟不仅是了解商朝历史和文化的重要窗口，甲骨文更是中国古代文字发展的关键证据，对研究我国古代社会、历史、文化、艺术和科技等领域具有极高的价值。此外，岳飞庙作为纪念南宋民族英雄岳飞的地方，也是安阳众多历史文化旅游资源中的重要组成部分，吸引了无数研究者和游客前来探索和纪念。

1986年，安阳被国务院正式列为国家历史文化名城。这一称号不仅是对安阳丰富历史文化遗产的认可，也是对其在中华民族文化发展史上重要地位的肯定。作为国家历史文化名城，安阳肩负着保护和传承文化遗产的重要责任，同时也展现了城市独有的历史魅力和文化价值。安阳的历史文化特色独具一格，不仅体现在它作为殷商王朝都城的历史身份上，还反映在它丰富的文化遗产和旅游资源上。从殷墟的考古发掘到甲骨文的研究，从岳飞庙的历史纪念到袁世凯墓葬的探访，每一处都承载着厚重的历史与文化信息，诉说着古今中外的故事。作为国家历史文化名城，安阳不仅是历史研究的宝贵资源，也是现代人了解和学习中国古代文明的重要窗口。它的文化遗产不仅属于中国，更属于全世界。在保护和发展的过程中，安阳展现了中华民族深厚的文化底蕴和不断向前的文化自信。随着时间的推进，安阳将继续以其独特的历史文化魅力，吸引着来自四面八方的人们前来探索和瞻仰，共同见证中华文明的辉煌。

五、商丘

商丘，坐落于河南东部，处于豫鲁苏皖交界地带，这座城市以其悠久的历史和丰富的文化遗产而著称。作为上古时期帝王的都城，尤其是商王朝的发迹之地，商丘承载了深厚的历史文化底蕴，展现了中国古代文明的辉煌。这里不仅民风古朴，历代名人辈出，而且文物资源极为丰富，所以商丘成为了探索中国古代历史和文化的重要窗口。1986年，商丘被国务院正式命名为国家历史文化名城，这一称号的获得，不仅是对商丘丰富历史和文化价值的肯定，也标志着这座城市在中国历史文化保护和传承中的重要地位。商丘拥有众多古文化遗址和名人故居，以及保存完好的古建筑、古墓葬、碑刻，这些遗产为研究中国古代历史提供了珍贵的实物资料。

商丘的建筑特色尤为独特，其中建于明朝正德年间的归德府城就是一个典型例子。这座城池以其独特的内方外圆形状而著名，由砖城墙、外城湖、土城堤三部分构成，展现了中国古代城市建筑和防御系统的高超智慧。这种独特的城市布局和建筑风格，在全国都是极为罕见的，不仅具有很高的历史和艺术价值，也反映了古代商丘人民在城市建设和水利工程方面的杰出成就。商丘的历史地位和文化遗产，不仅是河南乃至中国的宝贵财富，也是全人类共同的文化遗产。作为国家历史文化名城，商丘在历史的长河中犹如一颗璀璨的明珠，其丰富的文化遗产和独特的历史地位，为今天的人们提供了宝贵的历史信息和文化启示。随着时间的流逝，商丘将继续以其独特的魅力和丰富的文化遗产，吸引着来自四面八方的人们前来探索和学习，成为连接过去与未来的重要桥梁。

六、南阳

南阳，位于河南西南部，毗邻豫鄂陕三省，以其深厚的历史底蕴和丰富的文化遗产而著名。历史上，南阳一直是中国中原地区的重要城市之一，见证了多个朝代的兴衰更替，留下了众多文物古迹和历史遗址。这些遗产不仅体现了南阳悠久的历史，也展示了其独特的文化风貌。1986年，南阳被国务院正式认定为国家历史文化名城。这一荣誉的获得，不仅是对南阳丰富历史和文化价值的肯定，更是对其在中国历史文化保护和传承中所扮演角色的认可。南阳的城市格局和风貌在很大程度上保留了其历史特点，其中一些街区依然展示着城市的传统风貌，使人仿佛穿越回那个时代，感受到古城的历史韵味。

南阳不仅是一座历史名城，也是文人墨客的会集之地，历史上名人荟萃、人才辈出。这些文化名人的故事和遗产，成为了南阳文化遗产的重要组成部分，为这座城市增添了无限魅力。南阳的文物胜迹不仅数量众多，而且种类繁多，包括古代建筑、碑刻、雕塑及各类手工艺品等，这些都是研究中国古代文化和历史的宝贵资料。南阳拥有众多文物保护单位，这些文物保护单位既包括了具有全国重要性的文化遗产，也包括了地方特色鲜明的文化遗迹。这些保护单位的存在，不仅对于维护南阳乃至中国的文化遗产具有重要意义，同时也为后人提供了学习和研究中国古代历史文化的珍贵资源。作为国家历史文化名城，南阳承担着保护和传承这些文化遗产的重要使命。随着时间的推移，南阳在继承和弘扬传统文化的同时，也在探索如何将这些历史文化资源转化为促进当地社会经济发展的新动力。通过举办各种文化活动、发展文化旅游等方式，南阳正将其丰富的历史文化资源转化为现代化发展的宝贵资产，展现出这座古城新的生机与活力。

七、浚县

浚县，隶属于鹤壁市，位于河南北部，黄河故道的北岸。这里是一片蕴含深厚历史文化底蕴的土地，文物古迹众多。据统计，全县拥有各类地上、地下文物古迹余处，这些遗迹不仅见证了浚县丰富的历史变迁，也是研究中国古代文化不可或缺的珍贵资料。浚县的古城格局为"两山夹一城"，这一独特的地理布局使得其城市风貌别具一格。这样的格局不仅体现了古人对自然环境的尊重和利用，也展现了古人对城市规划和建设的智慧。在历史的长河中，尽管经历了无数次的风雨变迁，但浚县古城的街道格局基本保持原样，道路两侧的建筑保持着古时的比例关系，散发出浓郁的传统气息，为现代人提供了一扇窥探古代生活的窗口。

尤为引人注目的是，城西部的明代城墙与卫河交相辉映，形成了一道独特的风景线。这段城墙不仅是浚县古城防御体系的重要组成部分，也成为了现今浚县独特的历史文化标志，吸引着众多历史爱好者和游客前来探访。1994 年，浚县被国务院列为国家历史文化名城，这一荣誉的获得，不仅是对浚县悠久历史和丰富文化遗产的认可，更是对其在保护历史文化遗产方面成就的肯定。作为国家历史文化名城，浚县肩负着传承和保护历史文化遗产的重要责任，同时也面临着如何在现代化发展中保持和弘扬这些文化遗产的挑战。

八、濮阳

濮阳，坐落于河南东北部，地理位置独特，位于豫鲁冀三省的交汇之地。这座城市以其深厚的历史文化底蕴而闻名，被认为是中华民族发祥地之一。自古以来，濮阳不仅是上古五帝之一颛顼及其部族的活动中心，还因其悠久的历史和丰富的文化遗产而被尊称为"颛顼遗都"和"帝丘"。濮阳的历史背景非常独特，这里曾是中原地区古代战争的重要战场。历史上，在这片土地上曾经发生过多场具有决定性意义的战役，包括城濮之战、澶渊之战等。这些战役不仅改变了中国古代历史的进程，也使濮阳成为研究中国古代军事战略和历史变迁的重要地点。

2004年，濮阳被国务院正式认定为国家历史文化名城，这一称号的获得充分地体现了濮阳在中国历史文化保护和传承中的重要地位。这个荣誉不仅是对濮阳丰富历史遗产和文化价值的肯定，也是对其在中华文化发展史上作出贡献的认可。濮阳被命名为国家历史文化名城，不仅意味着国家对其历史地位的认可，也对濮阳带来了新的责任和挑战。作为一座历史文化名城，濮阳肩负着保护和传承这些文化遗产的重要使命。在现代化进程中，濮阳需要找到一种平衡，既要保护好每一处文物古迹，又要合理利用这些资源，促进当地的社会经济发展。

第三节　河南历史文化名城保护的局面

一、洛阳历史文化名城保护成果

（一）基于要素整合的空间网络利用

1. 总体格局控制

（1）城市格局。

洛阳，作为中国四大古都之一，其历史文化名城的保护成果尤为显著。在这个过程中，基于要素整合的空间网络利用，特别是对总体格局控制，起到了关键性的作用。洛阳城市的空间布局，以其悠久的历史和深厚的文化底蕴为基础，展示了北方府、县城市的典型样式，其中包括背山面水、平面形式严整方正及以十字街为主轴的空间格局等特点。尽管老城区经历了多次战火的摧残，真正的历史建筑和传统民居所剩无几，但其城市空间格局基本完好。这种格局的保护与强化，对于传承和发展洛阳的历史文化具有重要意义。规划中，通过清理整治城市边界空间，强化了城市的历史边界和空间序列，对十字街进行了集中改造，旨在提升这一历史轴线的空间品质和功能性，使之更能体现洛阳古城的历史脉络。在提升城市格局的同时，规划强调了增加鼓楼、府文庙、城隍庙和文峰塔等重要历史地标的空间识别性。通过对这些制高点的空间布局和视觉焦点的营造，不仅恢复了洛阳古城的历史面貌，也加强了公众对洛阳作为历史文化名城身份的认同。对这些地标性建筑的保护和修复，成为了链接过去和现在、传承历史文化的重要纽带。

（2）环城公园。

在洛阳这座历史文化名城发展过程中，环城公园的建设成为了连接过去与现在、自然与文化的重要纽带。随着城市的发展和现代化建设，许多老城城墙已因古代的战争和时间的侵蚀而消逝，留下的城河系统和部分城墙成为了城市中宝贵的历史文化遗产。洛阳目前正致力于"四河同治、三渠联动"的水利整治工作，其中包含在老城区内，中州渠护城河部分约 5 千米长的生态要素整治，为洛阳老城开展环城公园建设提供了重要契机。环城公园的建设不仅是对历史遗迹的一种保护和利用，更是对城市生态环境和居民生活品质的一种提升。通过将城河系统和遗存的城墙融入现代城市的生态建设中，可以创造出一个环境优美的沿河生态廊道，为市民提供一个休闲、娱乐、散步和亲近自然的良好空间。环城公园不仅是一个简单的绿化项目，它还是洛阳城市历史文化的展示窗口。通过巧妙的规划和设计，可以在公园中设置解说牌和展览馆，介绍洛阳的历史文化和城墙、城河的历史，让市民和游客在享受绿色空间的同时，也能了解和学习洛阳丰富的历史文化底蕴。建成的环城公园还将成为推动沿河棚户区改造和城市有机更新的重要力量。通过公园的建设，可以促进周边区域的环境改善和房屋升级，提高城市整体的居住条件和生活品质，实现城市空间的有效利用和社会功能的优化。

洛阳，这座拥有悠久历史的城市，在其现代化发展进程中，特别重视河道整治和城市历史要素的保护与恢复。通过对中州渠等城市河道的生态治理、垂直绿化设计及城市功能的植入，洛阳在保护城市河道的同时，还在南、北、西三个方向疏通城河水系，并计划在条件成熟时逐步恢复东侧城河，基于此梳理城河景观，进一步塑造环城文化公园。此外，通过清理整治城墙遗址、恢复城门，以及开拓地下空间，洛阳正逐步重现其古城的辉煌，同时提供具有地方特色和文化意义的公共文化活动空间。对中州渠等城河的生态治理和垂直绿化设计，不仅改善了城市的生态环境，提升了市民的生活质量，而且通过植入城市功能，加强了城市的综合利用能力。通过对城墙遗址的清理整治，洛阳对已经消失的城墙段在原位置上形成微地形绿化，以此方式让"历史"活起来。在科学研究的基础上，洛阳计划逐步恢复东、南城门，重现"方城四门"的古城格局。这种对历史要素的保护和恢复，不仅强化了洛阳作为历史文化名城的身份，也为市民和游客提供了直观了解洛阳历史的窗口。

（3）街巷整治。

洛阳老城，作为中国古代文明的重要发源地之一，拥有丰富的历史文化遗产，其中"九街十八巷、七十二胡同"的传统街巷系统是洛阳深厚文脉的重要体现。这一独特的城市结构不仅反映了洛阳悠久的历史，也是城市生活方式和社会组织的重要载体。因此，对于这些传统街巷的保护和修复，不仅是对历史文化遗产的保护，更是对城市历史记忆和文化身份的维护。传统街巷系统的保护要从保持其原有的街巷走向与基本形态入手，这意味着在进行城市规划和建设时，应尊重历史街巷的原始格局，避免现代建设对其造成破坏。保持街巷的原始走向和形态，不仅可以保存城市的历史风貌，也有助于保留城市的历史文化氛围，为城市的可持续发展提供独特的文化资源。在路面材料的选择上，禁止采用沥青、水泥等现代化材料，建议采用石板路等传统材料。这样的选择不仅是对历史风貌的恢复，更是对传统工艺的尊重和传承。石板路等传统路面材料，不仅具有良好的透水性，有利于地下水的补给和城市的生态平衡，而且还能够增强街区的历史感和文化氛围，为居民和游客提供更加舒适和富有特色的步行环境。

在洛阳这样一个拥有丰富历史文化遗产的古城中，街巷系统不仅是城市交通的重要组成部分，更是承载和反映城市历史文化的重要空间。因此，对于洛阳老城的保护与发展，提倡实施多层次的街巷系统，既是对传统文化的继承和弘扬，也是对现代城市规划理念的应用和发展。十字街是洛阳老城的传统商业文化心脏，其沿线汇聚了丰富的历史文化资源和商业活动，形成了独特的城市景观和社会功能。通过强化这一轴线的传统商业文化功能，同时突出老城自隋唐以来的历史文脉，可以有效促进城市的文化传承和经济发展。在保持老城街巷原有格局的基础上，通过划分地块的街道形成街区车行交通系统，旨在优化城市交通，提高城市功能性和可达性。这种方式在不拓宽道路的前提下，既保护了古城的历史面貌，又满足了现代城市的交通需求。地块内部的街巷主要承担步行交通功能，是连接人们日常生活与历史文化街区的"毛细血管"。这些步行街巷不仅方便了居民的日常出行，更成为了游客体验古城文化、探索历史遗迹的重要通道。根据现状特征，将街巷界面划分为风貌较好的街巷界面、风貌一般的街巷界面和现代建筑街巷界面，分别实施保护修缮、改善整修、保留整修、拆除重修等不同的处理方式。通过合理布置街巷功能、控制建设活动，确保新的建筑外立面与传统街巷环境相协调，既保留了古城的历史风貌，又满足了现代社会的功能需求。

2. 功能调整规划

在洛阳的城市总体规划中，洛阳老城的功能调整规划是根据其独特的历史文化背景制定的。洛阳，这座拥有着丰富历史文化遗产的古城，其发展方向被明确为以历史文化保护、商业服务业和居住为主的城市功能。这一规划旨在通过逐步配套相关设施的方式，为历史文化资源的保护与发展提供良好的支持，同时将其他大规模公共服务设施适当向外转移，以确保老城区的历史文脉得到有效保护和合理利用。

（1）历史文化功能。

洛阳老城的历史文化功能是其城市规划中的核心内容，文物建筑和历史街区不仅是历史文化信息传递的重要媒介，更是城市历史环境保护的关键。因此，以各级文物保护单位为核心，以十字街轴线为主骨架，并围绕其周边的传统民居建筑，构成了历史文化街区的核心保护区域。在这一核心保护区域内，除了必要的基础设施和公共服务设施外，原则上不再进行新建和扩建活动。通过日常保养、防护加固、现状修整和重点修复等方式，确保传统风貌的真实性和完整性得到保持。在老城区内，重要的历史文化价值建筑被梳理并明确为重点保护和利用的对象。这包括文物保护单位、具有历史价值的建筑及一般的传统风貌建筑。通过对这些建筑进行分层、分类的积极开发和合理利用，在维持原貌和格局的前提下，实现它们的社会效益最大化。这种方法不仅保护了历史文化遗产，也为城市的可持续发展提供了新的动力。

（2）商业服务功能。

受到传统城市建设思想和古城等级规模的影响，洛阳老城的传统商业主要以街道为载体，形成了具有特色的商业街区和商业活动模式。十字街，作为历史上的商业街和全城的商业中心，其发展与规划成为洛阳老城商业服务功能强化与创新的关键点。十字街及其街口的巩固与发展，通过形成特色化和差异化的策略，体现了洛阳老城在保护历史文化的同时，积极探索商业活动的新模式与新功能。西大街与东大街的规划设计体现了"闹"与"静"的对比和互补，将不同的商业功能与文化特色相结合，营造了多元化的商业环境和文化氛围。西大街的定位为"闹"，聚焦于形成以文博城古玩书画为主导功能的商业区域，配合纪念品销售与餐饮功能，吸引了大量人流，形成了洛阳老城的商业热点之一。东大街的定位为"静"，专注于发展书院文化、文创体验和精品民宿等功能，为市民和游客提供了一个安静优雅的文化体验空间。南大街在历史上就是重要的商业区域，现规划为景观大道，利用街道中央的水井和两侧的绿色花园作为特色，打造了一个集历史文化展示与现代商业活动为一体的街区。兴华街则通过日夜不同的活动安排，白天作为景观绿廊，夜晚转变为热闹的夜市，创造了独特的文化景观和商业体验。

随着古城职能的提升和发展需求的变化，对于洛阳这种拥有丰富历史文化底蕴的古城来说，其商业街向商业区的转变是城市发展中的一个重要环节。这种转变不仅涉及城市空间结构的调整，也涉及商业模式和文化传承的创新。通过合适的组织手段引导这一转变，可以更好地促进古城的经济繁荣和文化传承，同时满足现代市民和游客的需求。将临街店铺延伸至院落内部，形成院落组群式商业模式，是适应古城职能提升的重要手段之一。这种模式不仅保留了古城传统的空间格局，也为商业活动提供了更为丰富和多样的空间环境。院落组群式的商业主要以文化体验型为主，如手工艺品店、传统茶馆、文化艺术展览等，这些活动不仅能够吸引游客，也能够提升古城的文化品位和商业价值。对于北大街和中州东路沿线，可以利用现代建筑布置相对集中的大型功能单元，以弥补传统院落式中小型商业的缺陷[①]。这些大型功能单元可以是现代购物中心、文化娱乐复合体等，不仅能够提供更多元化的服务和商品，也能够成为城市新的经济增长点。通过合理的规划和设计，这些现代建筑也可以和古城的传统风貌相协调，形成新旧融合、传统与现代共生的城市景观。通过引导商业街向商业区转变，洛阳古城不仅能够满足现代商业发展的需求，还能够提供更多的文化体验空间，促进传统文化的传承和发展。这种转变策略既是对古城空间结构和商业模式的一种优化，也是对古城文化价值的一种提升。它有助于实现古城的可持续发展，使古城成为活力四射的文化和商业中心，增强城市的吸引力和竞争力。

（3）居住功能。

在洛阳这座具有深厚历史文化底蕴的老城中，居住功能的维持与提升是连接过去与现在、保护与发展之间不可或缺的桥梁。对传统生活方式和空间的保持对于延续老城的历史文化具有重要的基础性。随着城市的发展和变迁，老城区的居住空间发生了显著的变化，特别是老城北部和南部在居民搬迁和住宅小区建设方

---

① 万雍曼.历史城市整体性保护策略研究——以洛阳老城为例［D］.南京：东南大学硕士学位论文，2019.

面呈现出不同的特点与挑战。老城北部已形成以现代住宅小区为主的居住模式，这一变化虽然带来了居住条件的改善，但也面临着传统文化空间与现代生活方式之间如何融合的挑战。老城南部在 2013 年经历了大规模居民搬迁，只剩下少数居民继续居住于此。为了恢复南部街区的活力并维持老城的历史文化氛围，建议逐步引导居民回流，通过精细的容量测算，将南部街区人口控制在 8000~10000 人，使居住密度和活力平衡。

为了实现居民回流和居住空间的活化，政府和社区采取了多种策略来支持和促进传统民居的修缮和更新。这包括政府资助居民自主更新住房、整修并出售给有意愿回归的原住民，以及政府与开发商合作销售或出租部分院落作为住宅。这些措施旨在形成多种多样的居住形式[1]，既保持了老城区的传统特色，又满足了现代居住需求。在提升居住空间品质的同时，积极完善居住配套设施是提高居民生活质量的关键。调整补充文化设施和社区服务设施的不足，改善医疗、娱乐和日常生活服务，为居民提供更加便利和舒适的生活环境。此外，通过清理和利用街角、内巷和场院空间，为居民创造更多就近的休闲与活动场所，增强社区的凝聚力和活力。

3. 展示利用规划

（1）历史文化展示。

洛阳老城的文化展示利用规划体现了深刻理解和尊重其悠久历史与文化底蕴，这种展示不仅是对城市格局的延续和对用地控制的落实，更是一个依托于历史文化空间网络形成的系统性、结构性的文化核心功能的实现。通过精心的规划和设计，洛阳老城的文化展示成为连接过去与未来，传承与创新的桥梁，增强了城市的文化内涵与表现力度。在洛阳老城的展示利用规划中，首先需要明确重点控制的地段和节点范围。这一步骤是确保文化展示活动能够有效地进行，同时保护和强化了历史文化遗产。以十字街为主轴，这一商业和文化中心，成为连接各个重要历史文化资源的纽带，如河南府文庙、妥灵宫、安国寺等。洛阳老城的文化展示规划重视对现有历史文化资源的整合，除了物质文化遗产之外，非物质文化遗产的展示同样重要。通过整合这些文化资源，并依据不同的展示主题规划文化路线，洛阳老城能够全面、系统地展示其丰富的文化遗产。这种综合展示不仅

---

① 万雍曼.历史城市整体性保护策略研究——以洛阳老城为例［D］.南京：东南大学硕士学位论文，2019.

让市民和游客能够更全面地了解洛阳的历史文化，也为非物质文化遗产的传承提供了新的平台和机会。

在历史城市如洛阳的展示和保护过程中，采用多样化的技术手段和互动方式是至关重要的。这种多元化的保护模式不仅能够展示历史文化资源的创新力，还能够为遗产保护与发展注入新的活力。这样的做法在保护文物的同时，也能够为当地居民提供休闲娱乐和文化教育的场所，从而更好地连接历史与现代、文化遗产与社区生活。地下遗址展示是一种能够直观呈现古城历史面貌的方式，通过保护地下文化层的同时，使公众能够近距离接触和了解古代生活与建筑。洛阳作为古都，地下蕴藏着丰富的历史遗迹，通过现代技术手段，如透明地面或是特殊照明技术，可以在不破坏遗址原貌的前提下，向公众展示这些珍贵的历史资源。博物馆陈列展示是通过博物馆等场所对历史文物进行系统展示，它能够全面地展现洛阳丰富的历史文化。通过精心设计的展览，不仅可以展示文物本身，还可以通过多媒体等现代展示技术，重现历史场景，让游客更好地理解文物背后的历史故事和文化内涵。

洛阳老城，作为中国古代文化的重要发祥地之一，拥有丰富而深厚的历史文化层。这些文化层不仅是时间的沉积，更是历史信息和文化价值的载体。在洛阳老城的保护与展示中，运用现代技术手段和互动方式对这些文化遗产进行展示，既能够最大限度地保护这些宝贵的历史信息，同时也为公众提供了丰富的文化教育资源和休闲娱乐场所，为历史城市的遗产保护与发展注入了新的活力。宣仁门遗址的发现是洛阳地下文化层丰富性的明证，通过采用揭露展示和地面标识的展示手法，这种展示方式不仅保留了文物遗址的真实性，同时也为公众提供了认识、研究和学习历史的窗口。这样的展示方式保护了遗址的原貌，同时通过现代技术的辅助，使遗址的信息传达更为直观、生动。对于仍保留有实物建筑的文化空间，如鼓楼、河南府文庙、妥灵宫等，通过借用博物馆的展示空间和多媒体技术的运用，可以将遗址残缺部分及历史记载等内容进行可视化展示。这种方式使得历史文化的传递更为丰富多样，更能吸引公众的兴趣，增强文化传播的效果。对于具有重要历史信息展示意义的空间，如城门、察院等，可以在科学研究的基础上进行象征性、小规模和局部的复原。这种复原方式既保留了历史遗迹的真实性，又通过现代解读和展示手法，使得历史信息得以有效传播，增强了公众对历史文化的认知和尊重。

（2）地下利用规划。

洛阳老城的防空洞系统，建于 19 世纪 70 年代，覆盖了东、西南隅的大部分地区。这一特殊的地下空间，既不是传统意义上的地下空间，也不同于地面建筑，其存在本身就是一个历史见证。随着时代的变迁，这些防空洞如何被合理地再利用，不仅涉及历史遗产的保护，还关系到城市空间资源的优化和社区可持续发展的需要。在洛阳老城的规划中，提出了两种创新的防空洞再利用方案，旨在将这些地下空间转变为具有特色且利用价值较高的综合空间。第一种方案是将防空洞开辟为地下游览项目。通过对防空洞进行加固整治，这些空间可以作为对地面空间的补充利用 [①]。这种再利用方式既能够保护这一特殊的历史遗迹，又能为公众提供新的文化体验和教育机会。地下游览项目可以展示洛阳老城丰富的历史文化，同时也可以作为城市灾难教育的场所，增强公众对历史和安全意识的理解。此外，这些经过改造的防空洞，还可以成为独具特色的文化和旅游资源，吸引游客，促进地方经济的发展。第二种方案是采用"地源热泵"技术，将防空洞恒温恒湿空间作为生态社区的能源介质。这一方案充分利用了防空洞的温湿度稳定性，通过地源热泵系统，为社区提供绿色、高效、可持续的能源供应。这种再利用不仅节约了能源，减少了碳排放，也为居民提供了舒适健康的居住环境。通过将防空洞转变为社区能源供应系统的一部分，这一方案展示了如何将历史遗产与现代科技相结合，实现历史遗产保护与城市可持续发展的双赢。

洛阳老城的防空洞，遗留自 19 世纪 70 年代，构成了这座历史城市独特的地下空间网络。在现代城市发展与文化保护的交叉点上，对这些空间的创新性再利用不仅能够为洛阳增添新的文化活力，还能够提供独特的社会、文化体验空间，同时促进老城区的经济发展与活化。通过结合地面的文化展示功能与文化场景塑造，防空洞的分段利用方案展现了洛阳老城中新青年力量的活力与创意。依托地面酒吧街、青年公寓、城市图书馆、青年文创区等文化活力区域，地下艺术主题长廊成为连接现代洛阳老城与新青年力量的桥梁。这种创新的空间利用方式，既保护了地下防空洞的历史结构，又为城市文化生活提供了新的活动场所，增强了老城区的文化吸引力与经济活力。东大街地下防空洞沿线的体验式博物馆通过"时空隧道"的概念，为参观者提供了参与式的游览体验，使人们能够深入了

---

① 万雍曼.历史城市整体性保护策略研究——以洛阳老城为例［D］.南京：东南大学硕士学位论文，2019.

解洛阳老城的历史沿革与文化发展。这种展示方式不仅为历史文化的传播提供了新的途径，也使得文化遗产的保护与展示更具互动性和体验性。通过结合地面商场、酒店、博物馆和传统商业街等功能，洛阳老城的地下防空洞空间被赋予了新的生命。无论是地下体验式创意购物环线、主题式亲子互动游乐路线，还是古代军事文化互动体验路线，这些创新的利用方式都为洛阳老城增添了独特的文化内涵和商业价值。

（3）人文活动组织。

在洛阳这座古老而又充满活力的城市中，对非物质文化遗产的保护与传承是连接过去与未来的重要纽带。通过建立非物质文化遗产及其相关资源的数据库和展示中心，洛阳老城不仅能够系统地征集、保管和展示这些珍贵的文化遗产，还能够为这些文化遗产的活跃传承和广泛传播提供坚实的平台。对于非物质文化遗产的保护与发展，建立一个全面的数据库和专门的展示中心至关重要。这不仅有助于对已经征集的非物质文化遗产实物及其记录资料进行妥善保管，还能为研究者、学者乃至公众提供宝贵的资源，促进他们对非物质文化遗产的研究与了解。通过这种方式，非物质文化遗产的价值得以凸显，同时也为其持续发展提供了科学的基础。对于列入非物质文化遗产名录的代表性传人群体，洛阳老城规划中提出有计划地对他们提供资助，并鼓励他们开展传习活动。这种资助不仅是对传统技艺和文化的认可，也是对传承人无私奉献的肯定。通过这种方式，可以确保优秀的非物质文化遗产得到有效的传承与发展，同时也为传统文化的创新提供了更广阔的空间。洛阳老城规划中还特别强调了以非物质文化遗产传承展示点作为文化空间的重要组成部分。通过整治空间环境、挂牌保护及加强宣传与管理工作，这些文化传承中心节点将成为展现洛阳丰富文化遗产的重要集中地。沿南大街、东大街增设的传统商业区和以传统十字老街为轴线的展示布局，不仅展现了洛阳的传统文化和技艺，还使得丽景门、东门、南门等重要展示节点经过改造后成为城市文化生活的亮点。

（二）基于地块细分的复合功能开发

1. 地块细分类型

洛阳老城的发展规划和城市更新中，基于地块细分的复合功能开发策略尤为重要。通过对104个地块进行详细的分类，规划者能够更精确地确定每一片区的发展方向，确保城市更新与历史保护之间的平衡。这种细分不仅考虑到了平面格局、建筑风貌和再利用程度三个关键因素，还体现了对洛阳老城历史文脉的尊重与保护。其中，历史地块代表了洛阳老城最为宝贵的部分，它们基本延续了历史空间格局和传统建筑风貌。对于这些地块，重点保护和利用成为首要任务，以确保这些地区的文化遗产得到妥善保存。传统格局地块虽然保持了历史空间的划分方式，但其传统建筑风貌发生了较大的变化。针对这些地块，规划中需重视恢复其建筑风貌，同时尊重其历史格局。混合格局地块是洛阳老城中的一个复杂现象，既包括部分保留历史格局或风貌的空间，也包括进行了现代化改建的区域。这些地块的规划需兼顾保护与发展，寻求历史与现代之间的和谐。对于那些已经经历彻底现代化改造的地块，其传统形态和组织方式已不复存在，在这些现代地块的规划中，关键是如何融入现代城市的脉络，同时为城市的可持续发展贡献力量。空白地块为城市发展提供了一个独特的机会，可以从零开始规划和建设。这些地块的开发既是挑战也是机遇，规划者可以在这里实现创新的城市设计理念，同时引入新的功能和活力，具体评价标准如表 1-3 所示 [1]。

表 1-3 洛阳老城地块分类评价

分类	评价因子	评分标准	得分情况
平面格局	历史街巷边界	保留完整	2
		部分保留	1
		完全消失	0
	传统院落边界	保留完整	2
		部分保留	1
		完全消失	0
建筑风貌	历史建筑	文物保护单位	2
		一般历史文物	1
		无	0
	传统风貌建筑	占地 30% 以上	1
		占地 30% 以下	0
	红砖建筑	占地 50% 以上	1
		占地 50% 以下	0

① 万雍曼.历史城市整体性保护策略研究——以洛阳老城为例［D］.南京：东南大学硕士学位论文，2019.

续表

分类	评价因子	评分标准	得分情况
再利用程度	历史信息	有实物遗存或地下遗址	2
		无实物遗存但有历史记载	1
		无	0
	非物质文化遗产	有传承人或展示店铺	2
		口头传说	1
		无	0
	已改建程度	30%	2
		50%	1
		70%	0

2. 地块开发策略

（1）历史地块。

对于历史地块而言，其地块开发需要精心规划，以此才能保护和弘扬这些文化价值。因此，其开发和利用策略必须细致周到，既要保护其历史价值，又要满足现代城市的功能需求。其间，历史地块中的文物保护单位和历史建筑通常相对集中，对这些区域的保护必须采取高强度措施。这种保护的首要目的是保持传统格局和风貌的真实性，确保历史遗迹得以完整保存。在这一前提下，对于部分建筑密度过高、影响到交通组织和空间舒适度的历史地块，规划者提出了一种既保护又开发的策略。对于建筑密度过高的问题，规划者建议在不影响整体格局的情况下，适当开辟地块内巷和小规模的公共空间。这不仅有助于改善交通组织，提高空间舒适度，还能为居民提供更多的休闲与交流空间，增强社区的活力和凝聚力。这种开发策略在尊重历史传统的同时，也考虑到居民的现代生活需求。在历史地块的建筑改造方面，规划者强调以整修改造为主，以保护历史建筑的原貌和风格。建筑高度应被严格控制，按照现有建筑高度执行，檐口高度不得高于7米，以确保历史地区的整体协调性和视觉美感。同时，建议尽量采用坡屋顶形式、院落式布局和青灰色调等传统元素，既保留了洛阳老城的传统特色，又满足了现代建筑的功能需求。

然而，由于多种原因，包括城市发展的压力和资源的限制，许多遗产并未得到充分的保护和利用，导致其完整性和真实性价值不高，现状多处于闲置未修缮的状态。这种情况不仅未能有效保护这些珍贵的历史资源，也未能充分发挥其在当代社会中的潜在价值，从而影响了老城区的社会知名度和吸引力。为了解决这一问题，规划者提出了一种在不损害历史遗产景观和氛围的前提下提高历史地块复合功能的策略。这种策略旨在寻求保护和发展之间的平衡，通过植入多元化功能和活动，为老城区注入新的活力，同时确保历史遗产得到恰当的保护和尊重。其中，将历史遗产地块作为展示本地历史文化、艺术和非物质文化遗产的场所，是增强这些区域吸引力的有效方式。博物馆展览不仅可以吸引游客，也为当地居民提供了了解和学习本地历史和文化的机会。同时，通过开发与历史遗产相关的文创纪念品，可以将文化遗产的价值转化为经济效益，进一步促进历史地块的复合功能开发。除了文化展示外，加入创意商务等功能也是提升历史地块复合功能的有效途径。创意工作室、设计公司等以文化和创意为核心的企业可以为老城区带来新的经济活力和创新精神。这些空间的设置既能保护和展示历史遗产，也能满足现代人对工作和生活环境的需求。

河南府文庙，位于洛阳老城，作为国内现存最古老的文庙之一，是洛阳最宝贵的历史资源之一。尽管近年来河南府文庙得到了一些修缮，但其真正的文化价值和社会效益远未得到充分发挥，主因在于其被高墙大院所围绕，限制了公众的进入。在面对这样一块历史地块的规划与开发时，应采取综合性的保护更新策略，旨在恢复和强化其作为文化遗产的价值，同时为城市和社会带来更多的益处。根据历史资料对河南府文庙进行形制还原，不仅是对其物理结构的恢复，更是对其精神和文化内涵的复兴。通过利用铺地、景观等手段标识原有但已消失的建筑，同时，结合周边传统建筑开展与儒学文化相关的文创服务，既活化了这一地块，也为公众提供了丰富的文化体验。定期开展的儒学文化学习等活动，为公众提供了平台，使河南府文庙成为一个活生生的文化场所，而不仅仅是历史的遗迹。这种活动的组织，有助于传播儒学文化，增进社会对于传统文化的认知和尊重。河南府文庙周边传统的居住功能得以延续，传统民居的修缮整治旨在营造良好的历史氛围，为居民提供舒适的生活环境，同时也为游客展示了传统生活的真实场景。

（2）传统格局地块。

洛阳老城的传统格局地块承载了丰富的历史文化内涵，体现了特定历史时期的建筑风格和生活方式。这些地块内的建筑通常在中华人民共和国成立初期进行了翻新，形成了独特的青砖院落和红砖院落混合布置的风貌。在未来的规划与改造中，尊重和保持这些建筑的原有外观、体量和色彩是至关重要的，以保护洛阳老城的历史风貌和文化特色。规划和改造传统格局地块时，应确保从视觉上保持原有的外观、体量和色彩。这不仅涉及建筑的外表设计，也包括对建筑细节的精细处理。使用传统的技艺与材料进行建筑改造，如门、窗、墙体和屋顶等，都应以传统的青砖或红砖作为主要材料，以洛阳院落式民居风貌为蓝本，确保地块风貌的整体协调性与历史连续性。红砖建筑作为洛阳老城南部的主体建筑，不仅是一种建筑风格的体现，更是特定历史时期文化特征的反映[1]。城市总体规划中提出以红砖院落为单位进行改造、整治与利用，旨在在保障建筑安全和满足相应规范的同时，保持原有建筑的尺度与空间格局。通过对拆除下来的红砖建筑材料的就地再利用，力求实现拆建比的就地平衡，这不仅有助于资源的节约和环境的保护，也是对历史建筑精神的一种尊重。

这些地块围绕着具有重大历史价值的地区分布，享有来自历史地块的文化辐射，同时因为相对宽松的管控限制，它们为城市提供了一个将传统文化与现代生活需求相结合的独特场景。在这些传统格局地块中，存在着丰富的改造与利用潜力。通过在老建筑中植入民宿、酒吧、饭馆等特色服务，不仅为游客和居民提供了独特的文化观光体验，也满足了他们的衣食住行需求。这种融合既保留了老城的历史风貌，又引入了现代的生活方式和商业模式，从而为老城注入了新的活力。通过将传统建筑转化为能够提供文化体验的空间，公众不仅能够近距离体验到洛阳老城的历史内涵，这些地方本身也成为了动态的文化宣传媒介。这种互动式的文化体验方式，能够吸引更多的人前来探索老城，了解其丰富的历史和文化，进而促进文化旅游的发展。

例如，东大街鼓楼北侧地块在洛阳老城区内占据独特位置，展示了狭长的院落式并列格局的典型特征。这个区域的建筑肌理反映了传统与现代并存的局面：除了三处传统风貌的民居外，其余均为基于原有院落肌理新建的红砖多层建筑。这种混合给了我们一个机会，通过精心设计和规划，可以在保持历史风貌的同时，提高区域的居住和使用价值，以及增强其社会和文化功能。其间，通过减小建筑密度和改善巷道布局，这个地区得到了显著的空间优化。新增内巷不仅为社区创造了更多的公共空间，还有效改善了原先密不透风的建筑环境，为居民带来

---

① 万雍曼. 历史城市整体性保护策略研究——以洛阳老城为例［D］. 南京：东南大学硕士学位论文，2019.

了更舒适的居住条件。这种空间梳理和布局优化的做法，不仅增加了区域的通风和采光，还增强了社区的互动性和凝聚力。基于传统砖混建筑的结构特性，适当拆除部分墙体减弱了室内外的分割，引入廊道或中庭等结构，使内部空间对公众开放。这种调整旨在提高老建筑的使用价值，将其转变为社区的活动中心或公共空间，促进社区成员之间的交流与互动。内巷以北的院落主要保留居住功能，而内巷以南的院落则引入了食宿功能。这种功能布局的设计，不仅是对当地居民日常生活的延续，也为老城区带来了新的活力和吸引力。小规模的餐饮和住宿服务不仅为游客提供了便利，也增强了社区的经济基础，使这个历史地区能够在新的时代背景下继续繁荣发展。

（3）混合格局地块。

洛阳老城区的混合格局地块，体现了传统与现代元素的共存，呈现出城市历史发展的层次性和多样性。这些地块在老城的更新与发展中扮演着关键角色，因为这些地块不仅包含了珍贵的历史建筑，同时也融入了现代建筑元素。对于这样的地块，制定恰当的规划与更新策略，既是对历史文化遗产保护的责任，也是对现代城市生活需求挑战的回应。混合格局地块大致分为两大类：一类是历史建筑与现代建筑混合布置的地块，这类地块中，历史与现代的碰撞为城市空间带来了独特的文化氛围和视觉体验。通过历史街巷系统的网络化利用，可以有效地组织串联这些地块，加强各个历史与现代空间的连接与互动，从而形成一个有机整体，让公众能够在穿行其中时感受到城市的历史厚重感与现代活力。另一类是老旧住宅与现代建筑混合的地块，这类地块是老城中混合地块的主要类型，它们承载着城市生活的记忆，同时也面临着更新改造的需求。这些地块是将历史要素与现代要素整合的重点地段，不仅关乎城市的物理面貌，更关乎城市居民的情感记忆与生活方式的转变。在处理混合格局地块时，尽可能保留现存的空间序列至关重要。这不仅意味着保护现有的建筑结构，更是对城市空间历史连续性的维护。对于那些影响历史氛围和传统风貌的现代建筑部分，逐步进行整修和调整，以更好地融入老城的历史文脉中。

对于那些仍然具备较高使用价值的现代建筑，采取恰当的保护和改造措施，既能够保留其功能性，又能在视觉和文化层面与周围的红砖民居形成和谐的对话，是实现老城区可持续发展的关键。通过在外墙材料、色彩和形式上进行精心设计，这些建筑不仅能够得到有效利用，还能够融入老城区的传统风貌中。将现代建筑的外墙材料、色彩和形式设计得与周围的红砖民居相协调，是强化老城区整体风貌连贯性的重要手段。通过选择与传统建筑风貌相衔接的设计元素，现代建筑可以在保持其功能的同时，成为街区文化记忆的一部分。逐步整修与传统风貌冲突的部分，不仅能够改善老城区的视觉环境，还能够促进传统与现代元素之间的和谐共生。利用街巷、绿植、景观构筑等设计手段，可以有效地弱化现代建筑在老城区空间中的比重。例如，将现代建筑外立面改造为绿色景观墙，不仅能够增加建筑的生态价值，还能够在视觉上与周围的红砖建筑形成和谐的对比。同时，将拆除的红砖用作铺地、景观小品、标识牌等材料，不仅是资源回收利用的良好实践，也是对老城区传统风貌的致敬。

沿中州东路的地块开发策略展示了一种细腻而精心设计的方法，通过对建筑群的有机组织和内外空间的精心安排，既保留了老城的历史氛围，又引入了现代建筑的新气息，实现了新旧空间的和谐统一。这种策略在实现城市更新的同时，注重对历史文化的保护和传承，为老城区注入了新的活力和功能。开辟曲折型道路和内庭院相连通的线性空间不仅优化了街区的空间布局，提高了空间的利用效率和亲切感，还增强了街区的独立性和特色。这种布局方式使得现代建筑和历史建筑得以有机地融合在一起，为街区带来了完整性和连贯性，使原本杂乱无序的环境变得有序而富有吸引力。北部中高层现代建筑因其较高的使用价值被保留并改造，底层开辟为商业空间，与内庭院相结合，提供了开放性的商业环境；上层继续作为居住空间，满足居民的生活需求。这种功能分区的策略，既保证了建筑的使用价值，又促进了社区的活力和多样性。

（4）现代地块。

洛阳老城中的现代地块所面临的挑战是如何通过整治更新，提升这些地区的空间品质，同时保持与老城的历史文化相协调。20世纪不适当的重建活动导致了一些地区形成了缺乏美感的行列式布局，以及房屋质量低下的三类住宅和城中村。这些问题的解决需要一个多方位的策略，旨在恢复老城的传统风貌，同时引入现代的居住和公共空间设计理念。面对建筑体量偏大、密度偏高的现状，有效的解决方案之一是在建筑底层和道路边角开辟小型公共空间。这些空间的设计和利用，不仅可以给居民提供休闲和娱乐场所，如儿童游乐场，也可以用作停车场。更重要的是，这些公共空间通过景观和构筑的设计，能够反映出老城的文化意向，构建一个既连通又富有历史艺术气息的公共空间网络。对于三类住宅和城中村的改建，是提升空间品质的又一重要环节。改建过程中，居住建筑外部环境的更新改善应结合节能环保理念，如雨水收集和中水利用，旨在实现可持续发展的目标。这不仅有利于提高居住环境的质量，也符合绿色环保的城市发展理念。

在洛阳老城区的现代地块更新过程中，按照功能的不同，将地块细分为景观地块、居住地块和商业地块，这是一种精细化的策略。这种细分不仅考虑了地块的现有功能，还考虑了如何通过规划和设计改善空间质量、满足社会需求及促进经济发展。景观地块的核心在于提升景观质量和满足多样化的休闲需求，在保持功能延续的同时，通过增加绿化、水景、休闲座椅等元素，提高公共空间的舒适度和吸引力。此外，设计上应注重与老城的历史文化相融合，使景观地块成为体现洛阳老城特色的重要空间，同时满足不同年龄层和社会群体的休闲需求。居住地块的更新关注于住宅环境的优化和配套设施的完善，除了对基础设施如供水、供电、排水和通信设施的升级外，还应根据现状，清理不合理用地，如非法建筑和破旧无用的设施，以避免公共环境质量下降。同时，应考虑增设绿化区域、儿童游乐场和社区活动中心等，提升居民的生活质量和幸福感。现有商业地块多沿中州东路和北大街分布，这些地区为居民的城市生活提供了便利。在保留基础上，对商业经营布局进行适当调整，既能够保持商业活力，又能促进与其他地块中的文化型商业错位发展。特别地，通过引入文化体验店铺、特色美食店等，可以有效释放洛阳老城的商业潜能，吸引更多游客和市民，促进经济增长。

（5）空白地块。

在洛阳老城区的更新过程中，空白地块的处理显得尤为重要，因为这些地块既承载着城市未来发展的潜力，又肩负着与周围历史文化区域和谐共存的责任。针对东南部的三个空白地块，应思考如何在尊重历史与促进城市发展之间找到平衡点。

3. 地块开发策划——以 B012 地块为例

建筑（空间）策划在城市更新项目中的作用较为重要，它连接了宏观的城市规划与微观的建筑设计，通过对空间组织、功能置换和改造策略的综合分析和预测，为项目的成功实施提供了科学的指导和有效的决策支持。2018 年 6 月，笔者作为规划设计方的一员，参与了洛阳老城 B012 地块设计小组的工作。该小组的组成跨越了多个领域，包括老城区政府工作人员、建筑设计师、规划师、运营公司、造价公司及地方居民。这种多学科、多视角的合作模式，为 B012 地块的建筑设计提供了丰富而翔实的参考资料。

B012 地块位于洛阳历史文化街区的东、西南隅，这一地区虽不涉及文物保护单位，却包含五处具有历史价值的院落及若干红砖院落，是典型的历史地块。在对这一特定地块进行空间策划的过程中，通过实地调研、目标定位、方案策划及方案咨询四个阶段，旨在为历史城市的空间策划提供可操作性的借鉴，具体如图 1-1 所示。实地调研阶段是空间策划的基础，旨在全面了解地块的现状，包括其历史背景、现有建筑状况、社区功能及居民需求等。通过对 B012 地块内历史院落和红砖院落的仔细观察和记录，调研团队能够准确把握地块的特点和存在的问题，为后续的策划工作奠定了坚实的基础。在明确策划目标后，进入方案策划阶段，这一阶段需要团队成员发挥专业技能，设计出具体的策划方案。方案的内容应涵盖空间布局、功能配置、建筑设计、环境改善等方面，同时还要考虑项目的可持续性和经济性。对于 B012 地块，方案可能包括恢复和改造历史院落、优化红砖院落的使用功能、改善公共空间等。方案咨询是策划过程的最后阶段，旨在通过专家评审和社区反馈，对策划方案进行审查和完善。这一阶段，设计小组需要向社区居民、政府部门、专业机构等利益相关方展示方案，收集他们的意见和建议。通过咨询过程，可以确保方案既符合专业标准，又获得社区的广泛支持。

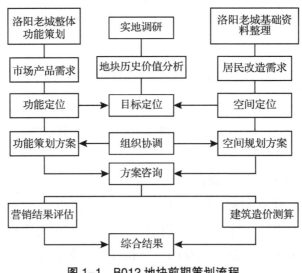

图 1-1　B012 地块前期策划流程

B012 地块是洛阳东、西南隅历史文化街区中划定的一处地块，地块内不涉及文物保护单位，现状包括五处历史院落若干红砖院落，属于本章所讨论的历史地块类。本章结合空间策划的相关研究，对实践经验加以整理，将策划过程分为实地调研、目标定位、方案策划和方案咨询四个阶段，以期对历史城市的空间策划提供一些具有可操作性的借鉴。

（1）多元目标确定。

东大街一带，因其浓厚的书院文化氛围及与西邻河南府文庙的地理位置，被规划为书院文化体验区，这一定位不仅符合其历史文化特色，也为商业策划提供了独特的机遇。然而，关于该地块内产权房的处理方案引发了较大的争议。一方面，运营方提出的建议是说服产权主体将房屋整体出租，以实现统一的开发和管理；另一方面，规划方则倾向于保留那些居住在此的产权主体，认为居住功能的保留不仅能延续地区的文化记忆，还能避免过度商业化的不良后果。地方政府在上一轮拆迁中吸取了教训，对于再次将居民迁移的方案持谨慎态度。同时，居民大多表现出了积极配合改造的意愿，这为寻找解决方案提供了可能性。最终，在多方讨论和权衡之后，达成了一个共识：鼓励地块内的原住民参与到空间的改造和功能合作运营中来，并对这种参与行为提供资金补助和优惠贷款，旨在实现生活居住、历史展示和商业休闲等多元功能的和谐共存。这一决策体现了对历史城区更新的深刻理解，即在保护和传承历史文化的同时，也考虑到社区居民的实际需求和地区的经济发展。通过保留原有居民，不仅保留了区域内丰富的文化记忆，也为地区的活化带来了真实的社区生活氛围，形成了有机活跃的文化体验区。居民的参与不仅使自身成为改造过程的受益者，也让他们成为维护和传承地区文化的重要力量。最终，B012 地块的转型不仅为当地带来了新的经济活力和文化品牌，也为历史城区的可持续发展提供了宝贵的经验。

（2）空间策划。

城市空间策划作为一种综合性的城市设计方法，旨在通过对空间内容、动线、组合的精心构思，为城市地块带来新的活力与功能。在洛阳老城 B012 地块的策划实践中，这一目标通过精心的功能策划和空间组织得到了充分体现，其改造模式如表 1-4 所示。

表 1-4　洛阳历史文化街区改造模式

类型	建筑面积（㎡）	现实状况	返修（保护）做法
一类传统风貌建筑	2801.51	屋面损害严重、墙体局部开裂、门窗破损	屋面整体修缮、内外墙面翻新加固、门窗换新、地面翻新
二类传统风貌建筑	2268.39	屋面轻微破损、墙面轻微破损、门窗破损	屋面瓦局部换新、损害墙砖修补、门窗局部修复
一类红砖建筑	2501.53	以传统建筑方式改造的红砖建筑，影响历史院落的整体风貌	屋面瓦局部换新、损害墙砖修补、门窗局部修复
二类红砖建筑	3323.42	墙体局部开裂、门窗破损	屋面瓦局部换新、损害墙砖修补、门窗局部修复
三类红砖建筑	1183.65	墙面轻微破损，质量较好	红砖墙面翻新、地面翻新、门窗换新
建筑降层	255.06	4层及以上建筑	红砖墙面整修、底层架空、门窗换新
建筑拆除	1395.50	临时搭建房屋质量差，影响地块历史风貌	建议降为 2~3 层，降层后可以改造传统风貌屋顶或绿色生态平台
建筑新建	9214.91	保持街道景观连续性，建筑功能以基础设施和公共服务为主	拆除建筑原则上不得再新建，如必须新建，新建建筑面积严格控制，风貌均为传统风貌建筑，并且檐口高度不得高于 7 米

　　如表 1-4 所示，B012 地块的策划充分考虑了公共空间的重要性，通过利用闲置区域创设开放的公共空间，增强了地块的活力与吸引力。地块内规划的两处广场不仅优化了现状空地的使用，还提供了集会、活动、休闲等多种功能，成为人流聚集的核心区域。这些公共空间的设置，不仅改善了城市环境，也成为商业营销的重要亮点，促进了社区的交流与活动。在 B012 地块的策划中，对历史建筑的功能置换处理显示了对历史文化遗产的尊重与利用。对历史院落的完整保留，不仅保护了地块的历史价值，同时通过新的功能赋予，如展览空间、文化活动中心等，使这些建筑成为连接过去与现在的桥梁。这样的策略不仅激活了历史建筑的新生命，也为地区的文化旅游和地方品牌打造提供了独特的资源。另外，通过对居住空间的整治与民宿功能的开发，B012 地块的策划体现了对居民需求和市场潜力的深入理解。愿意参与改造的居民可以将其闲置房屋转变为商铺或民宿，这不仅提升了自身的居住环境，还创造了新的收入来源。这种模式强调了

社区参与和利益共享，促进了社区的可持续发展，同时丰富了地块的商业和文化功能。

二、开封历史文化名城保护成果

（一）从政府层面来讲，加强对历史文化名城开封特色保护与开发制度层面建设

1. 设立专门的历史文化资源管理机构，为历史文化资源保护与开发法治化提供组织保障

旅游业作为开封经济的重要支柱，不仅展示了这座古城的丰富历史文化遗产，也为地方经济发展注入了活力。然而，目前开封面临着旅游管理中的一些挑战，特别是多单位多部门分散管理的现象，导致了职责不明确、管理效率低下和资源利用不充分。针对这些问题，提出的解决方案是整合现有社会资源，建立专门的机构来负责开封历史文化名城的打造和管理。这些专门机构的设立，将汇集文化、旅游、建设等多方面的力量和资源，确保从文化遗产的保护与修缮到整个城市的历史文化规划和发展，都能得到更加专业和系统的管理。通过这样的综合性、专业性管理，不仅可以有效解决现有的管理分散、效率低下等问题，还能更好地发挥各部门的专业优势，提升文化遗产保护和利用的水平。另外，根据开封"打造国际化历史文化名城"的伟大构想，新设立的机构还将负责制定和执行相关的法律法规和政策，进行项目的申报与审核工作，以及负责投资融资和资金管理等工作。这不仅有助于提高资金使用的效率和透明度，也为开封历史文化名城的打造提供了坚实的政策和财政支持。

2. 政府加大文物保护力度，完善规章体系

早在 2008 年，国务院颁布了《历史文化名城名镇名村保护条例》，这无疑为保护历史文化名城、名镇、名村提供了指导性的法律框架。尽管该条例对历史文化名城的保护具有一定的普遍意义，但它未对保护措施做出具体的规定，这在实践中可能导致保护工作的执行不够具体和有效。为了更好地保护开封的传统格局、历史建筑及历史文化街区，开封市政府需要在国家条例的基础上，进一步制定更加详尽和针对性的规章。这些规章应该具体明确保护的对象、标准及方法，以确保历史文化遗产得到有效的保存和传承。同时，对于那些破坏历史建筑和重要文化资源的行为，开封市政府正在通过提高处罚力度来发挥遏制和警示的

作用。这不仅有助于防止文化遗产被进一步损害，还能提升公众对于文化遗产保护重要性的认识。为了支持历史文化名城的保护工作，接下来开封市政府将依据国家相关法律，进一步明确文化资源保护、开发资金的筹集方法及法律责任的认定。通过制定更加细化和操作性强的规定，确保文化遗产保护的资金和资源得到有效的管理和使用。

在推进开封这座历史文化名城的保护与发展过程中，市政府面临着保护历史文化遗产与促进现代化建设之间的挑战。为了更有效地平衡这一矛盾并实现可持续发展，市政府下一步工作则是要采取针对性的措施，特别是加强对具有显著历史风貌特征或历史建筑密集的历史街区的专项保护。通过制定专门的规章制度来加强对这些重要区域的保护，不仅可以保留城市的历史记忆，也能够促进文化旅游和经济发展。这些规章制度应该详细规定保护措施、资金投入、修复技术标准等，确保每一项工作都有序进行。

3. 建立融资和保护基金管理机制

文化遗产的保护和发展，特别是对文物古迹的维护修缮、古代建筑与历史街区的保护，以及文化产品的开发，都需要资金的支持。面对这些既复杂又耗时的系统工程，它不仅对技术要求高、投入大，而且往往回报较小，这对资金的供给提出了巨大挑战。仅依赖政府投资和社会募捐的传统模式，已难以满足当前文化遗产保护和发展的资金需求。在市场经济背景下，开封文物保护部门积极探索利用市场经济的杠杆作用，拓宽融资渠道，引入外资和民间资本等多种资金来源。通过多途径、多层面的融资策略，可以为文物资源的保护和开发提供更加稳定和充足的资金支持。这种策略不仅有助于实现文化遗产的有效保护，也能促进文化产业的发展，同时挖掘和弘扬城市独特的文化特色，增强城市的竞争力。对于保护基金的管理，政府在制定政策时应充分考虑鼓励和吸引社会资本投入文化遗产保护领域。政府通过提供税收优惠、财政补贴、投资回报保障等一系列有利政策，激发企业和个人对文化遗产保护项目的投资热情。同时，政府还应确保保护基金的透明度和高效运作，建立健全的监管机制，实现资金的专项使用，避免资金滥用或流失。

4. 完善社会公众参与制度，增强社会公众参与意识

在推进开封等历史文化名城的保护工作中，确保政府决策的透明度和公正性，以及增强社会公众的参与度，是实现文化遗产保护目标的重要内容。当前，

政府主导的管理模式和自上而下的决策流程在一定程度上限制了公众的广泛参与。为了建立一个有效的政府与社会公众之间的信息反馈机制，政府致力于提升政务透明度，尤其是涉及文化资源保护的相关信息。这包括历史文化名城保护的规章制度、管理程序、政策支持等方面的信息，使之公开透明，以确保社会公众能够全面了解保护工作的现状和进展。这种信息公开不仅是社会公众参与的前提和基础，而且对于提升公众对城市历史文化资源保护重要性的认识和理解至关重要。通过制度建设，保障公民参与文化遗产保护工作的权利。这包括参与相关决策过程的权利和通过合法途径对保护工作提出建议或批评的权利。同时，相关政策还应强化公众在保护历史文化资源方面的责任和义务，确保公众参与不仅是权利的体现，也是对文化遗产保护责任的承担。除了传统的政府告知和公众被动接受的模式之外，应鼓励和促进双向互动和沟通。通过网络平台、公众论坛、研讨会等多种形式，政府和公众之间实现更为有效的信息交流和意见反馈，从而增强公众参与文化遗产保护的主动性和积极性。

毋庸置疑，有效的保护工作需要营造一种全社会广泛参与的氛围，其中政府的角色更多的应该是激励和引导，通过制定各类激励措施，激发社会公众的积极性和对保护历史文化资源的民族意识。公众的广泛参与不仅能够为文物保护工作提供更多的资源和创意，也是确保保护工作透明、开放和公正的关键。为了实现这一目标，开封市政府建立了公开且透明的公众参与体系。这意味着，政府在做出关于历史文物保护的决策时，充分考虑公众的意见和需求，确保决策过程公开透明，公众能够实时了解相关信息并有机会表达自己的观点。这样的做法不仅提高了政策的公信力和有效性，也避免了各种不透明操作的出现。

（二）从市场层面来讲，调整政府、市场及社会公众多个主体在历史文化资源保护与开发中的角色定位

第一，积极引资改制，由控股经营模式转变为参股运营模式，转变历史文化资源管理模式。

在我国历史文化名城的发展过程中，转变文化遗产管理模式显得尤为重要，尤其是在面对现代化和城市特色危机的背景下。随着市场经济的深入发展和大众旅游需求的多元化，采用市场主导模式来开发历史文化资源逐渐成为主流。这种模式的转变不仅是对传统管理模式的一种补充，也是对历史文化资源保护和利用方式的创新。由于历史文物古迹的修建、维护和经营需要巨大的资本投入、复杂

的工艺和较长的周期，单靠政府的有限人力、物力和财力难以满足开发的需求。因此，优化管理体系，积极引入民间资本进行投资建设，成为了实现资源高效配置的关键途径。通过这种方式，可以有效地集聚财力、物力和人力，推进历史文化遗产的保护和开发。政府从原先完全控制的经营模式向参股的经营模式转变，不仅能够降低投资和建设的风险，还能实现更大的社会效益和经济效益，形成一种双赢的局面。开封清明上河园的开发就是一个成功的案例。1998年3月，开封市政府与海南置地集团的合作，采取政府参股、民营资本控股的方式，不仅加速了清明上河园的开发，而且使其成为开封旅游业的一颗璀璨明珠。清明上河园每年接待的游客量达到100万人次，不仅为经济发展注入了新动力，也提升了开封的知名度，有效证明了这种经营模式的有效性和重要性。这种政府与企业合作的模式，实现了资源优势的互补，为历史文化遗产的保护与利用提供了新的思路和方法。它既保证了文化遗产得到有效保护，又确保了文化资源的合理利用和经济价值的发挥。因此，这种模式对于促进我国历史文化名城的保护、开发和利用具有重要的借鉴意义，为历史文化资源管理提供了新的视角，也为城市的可持续发展开辟了新路径。

第二，释放市场经济活力，整合河南旅游资源，实现城市之间的合作和联盟。

河南省内各城市的历史文化资源具有各自的特色和亮点，如开封的宋代文化遗迹、洛阳的古都文化、安阳的殷商文化等。这些资源如果能够根据各自特色进行深度开发，并通过城市间的合作和联盟，形成互补和共赢的局面，将大大增强河南旅游业的整体吸引力和竞争力。为了实现这一目标，河南各个城市需要摒弃各自为政、恶性竞争的旧思维，转而采取主动联合、共同发展的新策略，开封应一马当先，这种策略的有效性已在云南的旅游文化资源整合中得到了证明。云南通过整合昆明、大理、丽江、西双版纳、香格里拉等地的旅游文化资源，坚持走精品路线，不仅开发出了各大系列旅游产品，而且还利用地方特产，如玉器、普洱茶、雪花银等，为游客提供了独特的旅游体验。这种模式不仅成功提高了云南的经济收益，还增强了省内城市的知名度、文化软实力和竞争力。开封应借鉴相关成功经验，通过梳理和整合全市旅游文化资源，发展精品旅游线路和特色旅游产品。同时，加强城市间的信息交流和资源共享，共同推广河南的旅游品牌，构建起一个互利共赢的旅游发展格局。通过这种合作联盟，开封不仅能够实现文化资源的有效传播和利用，还能促进地区经济的快速增长，推动政治、经济、文化的协同发展。

（三）从社会公众参与层面来讲，创新政府对于开封历史文化资源的管理方式

1. 培育创新环境，激发开封社会公众的创造力，实现开封历史文化名城的复兴之路

在推动开封历史文化名城复兴的过程中，培育创新环境，依托万众创新，激发社会公众的创造力成为关键。正如李克强 2014 年 9 月在夏季达沃斯论坛上所倡导的，创新应成为推动经济和文化发展的主要动力，而创新的概念不仅限于技术层面，还应包括机制创新、管理创新和模式创新。开封作为国家历史名城，在其历史文化名城保护中，政府部门深刻意识到文化复兴并不意味着单纯地复古或模仿古代建筑风貌，而是应该在尊重传统文化精神和历史价值的同时，将传统文化的精髓与现代文明的发展需求相结合。这种复兴过程需要更广泛的社会参与，不仅仅是学者和专家的责任，而是整个社会共同参与的过程。为了实现这一目标，政府应通过组织各种创新促进活动，不断培育和优化社会创新环境。其中包括举办文化创新大赛、创业孵化项目、文化产业论坛等，旨在鼓励和吸引更多人参与到历史文化名城复兴的实践中来。通过这样的活动，有效地激发全市人民的创新意识和创造力，同时汇集众人智慧，为开封的文化复兴提供更多的可能性和思路。

2. 鼓励社会公众结合传统民俗，开发多种参与项目，力争成为文化产业发展的新引擎

随着消费市场的变化，旅游者的需求正逐渐从简单的观光游览转向对于文化参与的深度追求。现代旅游者越来越倾向于通过参与式的活动，以更加直接的方式体验、感受和传播文化。这种趋势要求旅游文化产业的发展模式同样需要进行相应的调整，以更好地满足市场的需求，从而实现从单一的观赏表演式向融合表演式和参与式的多元化发展转变[1]。为此，开封市政府意识到旅游文化产业的发展必须紧随市场需求的变化，通过创新和丰富文化活动，为旅游者提供更多的参与机会。这不仅提升了游客的体验满意度，而且还能进一步推动本市传统文化的

---

[1]　王璠.历史文化名城开封特色保护与开发策略研究［D］.兰州：兰州大学硕士学位论文，2015.

传播和传承，为旅游文化产业的可持续发展提供动力。通过这种方式，也构建出既能满足游客深度参与需求，又能有效传播和保护传统文化的旅游发展新模式。

三、郑州历史文化名城保护成果

（一）注重时代价值

在探讨文化遗产在当代社会中的作用和价值时，不得不提及文化遗产的时代价值，即那些在历史长河中依然对社会和大众具有深远影响和现实意义的元素。这种价值不仅能够跨越时间的界限，影响过去、现在乃至未来，而且能够在精神层面对社会进行引导和启迪。因此，发现、阐释、传播文化遗产的时代价值成为赋予文化遗产活力的核心内容，也是文化遗产与现代城市发展紧密融合的基石。尽管中国拥有丰富的文化遗产，但这些遗产在保护和利用过程中面临着一些挑战。一个显著的问题是，文化遗产保护尚未在全社会范围内得到充分的认知和重视。更为关键的是，这些文化遗产的时代价值还未能被充分挖掘和利用，从而影响当代社会的发展。忽视对文化遗产时代价值的挖掘和研究，意味着人们未能充分认识到文化遗产在构建现代社会价值观、精神风貌乃至推动社会进步方面的潜在作用。文化遗产不仅是过去的遗迹和记忆，更是现代社会发展的活力源泉，能够为现代人提供认知过去、理解现在、预测未来的独特视角和智慧。

在《郑州历史文化名城保护与发展战略规划研究》中，制定了一个极为重要的原则，即在考虑历史文化资源时，不能仅仅停留在表面的多样性和复杂性上，而应深入探索其内在的文化特质。这意味着必须从各种文化形态中挖掘出其本质的文化价值，特别是那些至今仍然与当代社会主义核心价值相融合，并对现代文明产生积极影响的优秀传统文化元素。就当前郑州历史文化名城保护的成果而言，涉及对城市内各种重要文化遗产的时代价值的认识和评估，包括世界文化遗产、古遗址、登封"天地之中"历史建筑群等，不仅彰显保护和弘扬这些文化遗产的成果，更反映出郑州都市区与历史城区及大遗址群系之间的协调互动。

郑州在选取文化资源文化遗产保护和利用历史文化资源时，既注重这些资源的重大历史、艺术和科学价值，同时也考虑到这些资源与郑州城市发展、名城保护和经济建设之间的紧密联系。这种策略的实施，特别是在郑州市区范围内率先启动的商都历史文化片区、百年德化历史文化片区、古荥大运河文化片区、二砂文化创意片区（以下简称"四大片区"）工程中，展现了将文化遗产保护与城市建设相结合的有效途径。通过"四大片区"的工程实施，郑州不仅在物理空间上进行了城市建设和更新，更在文化层面上强化了城市的历史文化特色，使得郑州的城市形象和文化内涵得到了丰富和提升。这种做法不仅得到了学者的认可，更重要的是赢得了公众的广泛认同。公众认同是城市文化自信的重要基础，有助于凝聚人心，增强市民对自己城市历史和文化的自豪感。通过有机结合文化遗产保护与城市建设，郑州展示了一种新的城市发展模式。这不仅使得城市的历史文化遗产得到了有效的保护和传承，同时也为城市的现代化进程带来了独特的文化底蕴和特色。这种模式为其他城市提供了宝贵的经验，尤其是在如何处理历史遗产与现代发展之间的关系上。

（二）坚持多规合一

2017 年 2 月，习近平在北京市的城市规划建设考察时强调了"规划先行"的重要性，明确指出城市规划在城市发展中具有战略引领和刚性控制的关键作用。确保规划的优先性和前瞻性是城市发展中的首要任务。党中央的要求强调了在城市发展过程中把握战略定位、空间格局、要素配置的重要性，并坚持城乡统筹，实施"多规合一"的规划理念，确保形成统一的规划和蓝图。在这一过程中，文化遗产保护成为现代城市规划中不可或缺的内容。这意味着文化遗产保护需要与城乡规划、土地利用规划等其他规划进行合理的衔接，将文物保护的任务从单一部门的工作要求转变为城市经济建设整体部署的一部分[①]。实现这一转变的关键在于，文化遗产保护不应再孤立进行，而是应该与城市规划相结合。这种统一的思维方式有助于确保文化遗产保护工作与城市的整体发展战略相融合，从而更有效地保护和利用文化遗产，同时促进城市的整体发展。

对此，《郑州历史文化名城保护与发展战略规划研究》及其衍生的《郑州历史文化名城保护规划（2020—2035 年）》构成了文化遗产保护与城市规划融合的指导性蓝图。这些规划文件在深入梳理和研究郑州丰富的历史文化资源基础上，特别强调了对郑州夏商文化、商城遗址、古遗址群、历史文化街区、传统民居、工业遗产及近现代优秀建筑的保护和利用。同时，对郑州的历史文化名镇、名村及传统村落的保护与发展进行了详细探讨，为文化遗产资源的整合提出了具体的

---

① 郭春媛.现代城市发展中的文化遗产价值认知——以《郑州历史文化名城保护与发展战略规划研究》编制为例［J］.南方文物，2019（6）：254–256.

建议，包括范围划定、保护展示的内容和利用模式[①]。《郑州历史文化名城保护与发展战略规划研究》的完成标志着郑州在文化遗产保护规划领域迈出了重要的一步，继而郑州市规划勘测设计研究院根据这一研究成果进一步编制了《郑州历史文化名城保护规划（2020—2035 年）》。该规划以"挖掘城市历史价值，提升城市文化魅力"为目标，遵循"保护—利用—发展"的主线，旨在通过整合和保护郑州的历史文化资源，促进城市的可持续发展。规划中提出的"两环、两轴、四区、多点"的文物保护格局，是在城市规划中预留发展空间的同时，优化用地布局和加强建筑高度与风貌控制的具体体现。这种布局旨在确保文化遗产得到有效保护，同时也为城市的未来发展提供了灵活性和多样性。通过这样的规划和布局，郑州不仅能够保护其丰富的历史文化遗产，也能够在促进经济发展、提升城市形象和增强市民文化自信等方面发挥了重要作用。

四、南阳历史名城保护成果

（一）南阳历史文化名城特色

1. 悠久灿烂的城市历史文化

南阳，这座拥有深厚历史文化底蕴的城市，其历史可追溯至原始社会时期。在白河东岸的高河头一带就有古人类聚居的证据。春秋时期，申国的建都地点位于白河西岸独山脚下的十里庙一带，标志着南阳在中国古代历史中的重要地位。进入秦汉时期，随着城市沿白河向下游迁移，南阳的城市格局逐渐形成，并建立在梅溪河与温凉河之间的高地上。此后，城市以此为中心不断向外扩展，最终形成了今天南阳的基本城市格局。南阳不仅是豫西南的政治和经济中心，也是连接古代关中、中原和巴楚的重要交通枢纽。特别是在汉代，南阳与长安、洛阳齐名，成为全国性的都会，其在中国久远历史中占有非常重要的地位。这里不仅是历史名城，也是人才辈出的地域。古代时期，南阳诞生了张衡、张仲景、范蠡等众多对中国乃至世界文化产生深远影响的历史人物[②]。近现代，南阳也涌现出杨廷宝、董作宾等知名学者，其学术成就和文化贡献为南阳赢得了良好的文化声誉。南阳还拥有众多历史遗迹，如武侯祠、医圣祠、百里奚墓、张衡墓等，这些

---

① 郭春媛.现代城市发展中的文化遗产价值认知——以《郑州历史文化名城保护与发展战略规划研究》编制为例［J］.南方文物，2019（6）：254–256.

② 梁庄，张昊.南阳历史文化名城保护规划与思考［J］.《规划师》论丛，2011（1）：154–160.

遗迹不仅记录了南阳悠久而灿烂的城市历史文化，也是研究中国古代历史和文化的重要资料。它们见证了南阳在中国历史上的重要地位和文化传承，对于弘扬传统文化、促进文化旅游发展具有重要的意义。

2. 背山面水的自然环境

南阳古城，这座拥有丰富历史文化遗产的城市，其独特的地理位置和自然环境为其增添了无尽的魅力。依山傍水而建，南阳古城的选址充分展示了古人与自然和谐共生的智慧。北侧紧靠独山，西部则由卧龙岗、麒麟岗、十八里岗等多座山体岗地环绕，南面则是白河的温柔流水，加之温凉河、梅溪河、三里河、十二里河等多条河流的细水长流，这些自然元素共同构成了一幅背山面水、山水环抱的绝佳图景。这样的自然环境不仅为古城提供了天然的防御条件，而且也满足了古人追求自然美和生活美的审美需求。南阳古城的选址思想深深植根于中国传统文化中对于"风水"理念的追求，即追求人与自然的和谐相处，寻找一种山水与人文环境相结合的最佳状态。这种思想不仅体现在城市的整体布局上，也反映在城市建筑、街道规划及环境保护中。至今，南阳古城所依托的这些山川与水系的格局依然保持着较为完整的状态，这不仅是对南阳古城历史风貌的一种保护，也是对其古人智慧与自然和谐共生理念的传承。这样的自然环境与城市格局为南阳古城增添了浓厚的历史文化氛围，成为了城市独特的文化符号和旅游吸引力所在。

3. 保存较为完整的古城格局与风貌

（1）风格各异的传统建筑。

在南阳这座历史古城中，拥有丰富的传统建筑群，这些建筑不仅承载着厚重的历史文化，也展示了南阳独特的地方特色与城市风貌。这些建筑群包括南阳府衙、南阳府文庙、南阳大王庙、南阳医圣祠等古代建筑，以及新知书店等近代的公共建筑与商铺、民居建筑。其中，南阳府衙堪称是这些文化遗产中的瑰宝，它是我国保存最为完整的府署之一。府衙不仅是古代地方政府的行政中心，也是司法机关，对于研究我国古代的政治、法律及社会生活具有重要的参考价值。对这些建筑的保存和保护，不仅是对历史记忆的尊重，也为现代人提供了一扇窥探古代生活和社会结构的窗口。南阳的这些传统建筑各具特色，反映了不同时期的建筑风格与社会文化。例如，南阳府文庙体现了尊崇孔子及儒家文化的传统，南阳大王庙展现了民间信仰与宗教文化，南阳医圣祠则是纪念医学圣人张仲景的地方。宛南书院、天主教教会医院等，则反映了近现代教育、医疗的发展以及西方文化的影响。这些建筑不仅是南阳城市历史的见证，也是地方特色形成的重要载体。它们不仅具有很高的历史价值、艺术价值和科学价值，更是南阳人民精神文化生活的重要组成部分。通过对这些建筑的保护和合理利用，可以有效地传承和弘扬优秀的传统文化，同时也能促进文化旅游业的发展，为城市经济的发展带来新的活力。

（2）别具特色的历史地段。

南阳古城中的历史建筑不仅体现了南阳清代至民国时期的历史风貌，也展现了该地区独有的府城特色与商业特色，对于研究南阳及整个华中地区的历史文化发展具有不可替代的价值。民主街与解放路作为南阳历史城区的两条主要街道，其沿线的传统建筑群凝聚了南阳人民的智慧与匠心。这些建筑多以砖木结构为主，外观装饰典雅，既有清代的官式建筑特征，也融入了民国时期的西式建筑元素，反映出南阳在不同历史时期的社会风貌和文化融合。这种独特的建筑风格不仅为研究中国传统建筑提供了宝贵的实例，也为后人提供了直观的历史文化学习资料。这一区域的建筑群不仅仅是冰冷的历史文物，它们也是南阳市民生活的一部分，承载着南阳人民世代的记忆和情感。街道两侧的商铺、餐馆等商业建筑，见证了南阳作为商业中心的繁荣与发展，同时也展示了南阳人民生活方式的变迁和社会经济的发展趋势。

（3）保存较为完整的古城格局。

南阳历史城区作为明、清、民国时期的古城遗址，尽管岁月流转使得古城城墙大多已不复存在，但其护城河水系的原貌得以保持，街道布局也大体维持了过去的走向、宽度和尺度。这种保留不仅让人们得以窥见古城的历史面貌，更重要的是，它们共同构成了南阳明、清、民国时期城市格局的有形证明，体现了南阳古城的空间特征与城市发展的脉络。南阳古城格局的保留对于人们理解城市的历史变迁、文化传承具有不可估量的价值。城市街道的布局、护城河的流向不仅是地理上的特点，更是历史进程中人们生活方式、城市管理及防御需求的直观体现。通过对这些遗存的观察，可以更好地了解古人对城市空间的规划和利用，以及城市在不同历史时期的社会经济状况。这些保存较为完整的古城格局还为现代城市规划提供了宝贵的参考，在现代城市发展的快速变化中，保持和弘扬城市的历史文化特色显得尤为重要。南阳古城区的保护不仅是对历史的尊重，更是一种对城市未来发展的投资。通过对古城格局的研究和合理利用，可以在新旧融合中寻找到城市发展的新动力，使市文化得以丰富，增强城市的魅力和竞争力。

（二）规划措施

1. 总体层面

（1）明确保护内容。

这一步骤要求在对历史文化遗产进行全面的调查研究与整理归纳的基础上，进一步细化和明确保护对象。这些保护对象不仅包括自然环境和文物保护单位等物质性保护要素，也包括历史建筑、历史文化街区、古城格局等，还包括非物质性保护要素，如传统工艺、传统曲艺等，具体如表1-5所示[①]。

表1-5　南阳历史文化名城保护内容

保护要素类型		保护要素
物质性保护要素	自然环境	独山、磨山、紫山、卧龙岗、麒麟岗、十八里岗等山体岗地，白河、温凉河、梅溪河、三里河、十二里河、邕河等河流水系，古城周边"背山面水"的山水格局
	国家重点文物保护单位	张仲景墓及祠、南阳武侯祠、南阳府衙、汉冶遗址
	省级文物保护单位	靳岗天主教堂、琉璃桥、南阳府文庙、南阳王府山、玄妙观、杨廷宝故居、天妃庙、万兴东大药房6处古建筑、宛城遗址、十里庙遗址、宛南书院、高河头遗址3处古遗址等
	市级文物保护单位	接官亭、三皇庙、大王庙、甘露寺、红庙、察院、徐家大院、复兴昌、盐店、鲁班庙、孙家楼、宛城驿、新知书店、任家大院、拱辰台、"百里奚故里"碑、河街清真寺、天主教教会医院旧址、李氏粮行旧址、好莱坞照相馆、闫天喜饺子馆、泰古车糖公司、中共南阳地委办公旧址、玄妙观桂花树1处古树名木、南寨墙、中原机校汉画石墓等
	历史建筑	尚未被列为各级文物保护单位的清末及民国时期的历史建筑
	历史文化街区	民主街、解放路2处历史文化街区
	古城格局	由明清城墙遗址、宛城遗址、梅花寨南寨墙遗址组成的城郭格局、历史城区内保存较为完整的民国时期的街道格局、历史城区内原有的平缓有序的空间轮廓

---

① 梁庄，张昊.南阳历史文化名城保护规划与思考［J］.《规划师》论丛，2011（1）：154-160.

续表

保护要素类型		保护要素
非物质性保护要素	两汉文化	画像石、陶塑等与两汉历史人文相关的传统艺术及文化流传
	名人事迹	与张衡、张仲景、范蠡、诸葛亮、百里奚、杨廷宝、董作宾等名人相关的历史事迹
	传统工艺	玉雕、烙画、刺绣等
	传统曲艺	越调、宛梆、二黄戏、曲剧、豫剧等
	古今文学	历代文学家、楹联文化等

（2）建立保护框架。

在进行历史文化遗产的规划和保护时，南阳市政府有关部门充分考虑遗产的空间分布特性及其历史文化脉络。这样的策略使得规划旨在突出保护周边的自然景观，如独山、磨山、紫山等山体，同时对白河及其支流水系进行整治，以保留并强化古城北依独山、南靠白河的传统山水格局与景观特色。这种对自然环境和水系的细致关注，是为了延续和强化城市的自然美与历史情境，使得城市既保留了自然环境的优美，也保持了历史文化的连续性。进一步地，规划提出了设立多个具有不同时期历史文化特色的保护展示区，如新石器时期历史文化区、商周历史文化区、两汉历史文化区、明清历史文化区和卧龙岗历史文化区等。这种"背山面水、一城多区"的保护空间框架，旨在系统、有序地保护和展示城市的历史文化遗产。通过这样的分类保护和展示策略，不仅能够确保各个时期和类型的历史文化遗产得到适当的关注和保护，也使得这些遗产能够更加生动地向公众展示其历史和文化价值。

2. 宏观层次

（1）保护城市山水环境。

在城市规划中，对城市空间的合理引导和拓展至关重要，尤其是在努力保护自然环境和历史文化遗产的同时促进城市的发展。在南阳的城市规划中，这一原则得到了充分体现：规划主张城市空间主要向南部和东部进行拓展，同时对城市西部和北部的自然环境，尤其是独山、磨山等山体岗地的城市建设实施严格控制。这种规划策略的目的在于加强生态保护与培育，确保城市的自然山水环境得以保护。通过限制对山体岗地的城市建设，可以有效地减少城市扩张对自然生态系统的破坏，保持自然景观的完整性；同时也为城市居民提供了宝贵的绿色空间和休闲去处。这种规划还强调了山、水、城和谐相依的传统格局的重要性。在中国传统文化中，山水与城市的和谐共存被视为理想的居住环境，通过保护和强化这一传统格局，不仅能够提升城市的生态环境质量，还能弘扬传统文化，增强城市的文化特色和历史魅力。

（2）优化城市功能结构。

在当前城市规划中，转变城市功能结构，从单中心向多中心的发展模式转变，已成为南阳促进城市可持续发展的重要战略。这一转变不仅有助于城市空间的合理利用，还能有效疏解人口密集区的压力，提升整个城市的生活与环境品质。特别是对于拥有丰富历史文化资源的城市而言，这种规划策略对于保护和展示古城尤为关键。根据规划提出的战略，通过市级行政文化中心区等新区的建设，可以有效促进包括历史城区在内的旧城中心区的人口与城市职能的疏解。新区的建设不仅能够提供更多的居住和工作空间，促进经济的发展，还能通过分散旧城区的发展压力，为历史遗产的保护与修复提供更为宽松的环境。此外，新区的规划与建设还应充分考虑环境保护和绿色发展的要求，确保城市发展与自然环境的和谐共生。对于历史城区而言，人口和职能的疏解将直接减少对古城区的开发压力，为古城的保护、修复和展示创造更为有利的条件。这不仅有助于维持古城的历史风貌和文化特色，还能提升古城区的环境品质，使其成为展示城市历史文化、吸引游客的重要区域。同时，通过合理规划古城区的功能布局和交通系统，可以进一步提升古城区的可达性和游览体验，为保护和利用历史文化遗产开辟新途径。

3. 中观层次

（1）对文物保护单位的保护。

在南阳中心城区内，已经公布了多处文化遗产为国家和省级重点文物保护单位，体现了该地区丰富的历史文化底蕴。为了保护这些珍贵的文化遗产，规划根据现状和文物部门公布的保护区划，对文物保护单位的保护范围和建设控制地带进行了具体划定。这种划定工作不仅基于对文化遗产本身价值的认识，也考虑了其周围环境，确保文化遗产得到妥善保护，同时与周围环境相协调。制定保护和控制要求时，规划依据了《中华人民共和国文物保护法》等相关法律法规。这些法律法规为文物保护和管理提供了基本框架，确保了文物保护工作的合法性和科学性。通过这种方式，不仅可以保证文物的安全，还能使文物与其所在环境相协调。这样的规划和保护措施对于维护南阳的历史文化遗产具有重要意义。首先，它能够确保文化遗产得到有效保护，防止因城市发展等外部因素导致的文化遗产损毁。其次，通过科学合理的保护措施，可以使这些文化遗产更好地为公众所了解和访问，从而提升公众对历史文化的认知和尊重。最后，妥善保护和利用文化遗产，还能够促进文化旅游业的发展，为南阳的经济社会发展注入新的活力。

（2）对历史文化街区的保护。

在深入研究南阳的历史文化街区保护规划后，一个显著的行动是相关部门对民主街和解放路两个区域的特殊关注。这些区域被认定为具有显著的历史和文化价值，它们代表了南阳在清代和民国时期的历史面貌。规划的核心在于严格保护这些街区内的文物和历史建筑。这意味着对现存的非历史建筑进行整修、改造或拆除，尤其是那些与传统风貌产生冲突的建筑。此举的目的是确保任何的修复、改建或新建工程都不会影响到街区的历史风格。这包括对建筑的高度、体积、使用材料、颜色及设计形式的严格控制，以保障这些街区的历史风貌的完整性。为了进一步加强对这些历史文化街区的保护，规划还包括了对周边区域的建设控制。这意味着在街区周围划定了一片建设控制地带，同样对建筑的高度、体积、材料、色彩及形式进行了严格的控制。这样做不仅是为了保护街区内的历史建筑，也是为了保护历史街道等重要的环境要素。通过这种方式，规划旨在确保历史文化街区的整体格局和景观风貌得到完整的保护，从而为后代保留南阳丰富的历史和文化遗产。

南阳市政府在细化历史文化街区的规划方案时，重点之一便是在不损害历史风貌的前提下，恰当引入与地区特色相符的商业活动。这项策略强调了在保持区域历史连续性的同时，植入传统工艺品的制作与销售，旨在激活这些街区的经济潜力，同时保留其独有的文化价值。规划倡议通过有意识地融合地方特色的商业元素，塑造出既具有传统风貌特色又充满地方特色的商业街区。这不仅意味着将传统工艺和产品作为街区的亮点，而且还要鼓励那些能够反映和展示地方文化精髓的商业活动。通过这种方式，历史文化街区将成为展示南阳独特文化和传统的重要窗口。规划还注重于完善这些街区的旅游、休闲及文化展示功能。这意味着通过精心设计，不仅能提升游客的体验，还能满足当地社区居民的需求。通过引入旅游服务、休闲设施和文化展览等功能，街区不仅能够吸引外来游客，也能成为当地居民日常生活的一部分。

（3）对历史城区格局与风貌的保护。

在对南阳进行深入的规划设计时，政府有关部门应重视对明、清、民国时期城墙遗址及护城河水系的精心保护。为此，提出了创建带状遗址公园的构想，旨在通过设置标识牌等方式，保护并展现古城的原始轮廓和格局，同时提升旧城区的环境品质。规划坚持尊重历史，努力保留历史城区街道的原始走向、宽度和尺寸，以保护并恢复街道的传统风貌。其中，包括对环城马道等重要街道的逐步恢复，强化了对古城历史街道格局的保护 ①。这种做法不仅体现了对历史的尊重，同时也为城市的现代生活增添了独特的文化底蕴。对于历史城区建筑高度的管理，规划采取了分级控制策略。具体来说，在文物保护单位保护范围及建设控制地带、历史文化街区及其建设控制地带，新建建筑的高度被严格限制在 6 米以下。对于位于清代护城河以内的新建建筑，高度原则上不超过 9 米。历史城区内其他区域的新建建筑，其高度原则上不应超过 12 米。这样的控制旨在保持古城的平缓有序的空间形态和历史风貌，确保新旧建筑之间的和谐共存。

4. 微观层次

（1）文物保护图则。

南阳市政府有关部门在审视历史文化遗产保护的现状及面临的挑战后，精确地划定文物保护区域，并编制详尽的文物保护图则来加强保护措施。这份图则不仅明确了保护区的界限，还详细规定了建设控制的具体要求，包括但不限于建筑高度、材料使用及色彩选择等方面的限制。通过这种方法，规划旨在对文物保护与环境整治提供明确的指导，从而增强规划的实际执行力。该规划强调了在保护南阳丰富的历史文化遗产的同时，还要了解环境整治的重要性。这不仅包括对古建筑的修复和保养，还涉及改善周边环境，以确保文化遗产得到更好的展示和传承。通过制定一系列具体且实用的保护措施和建议，规划为实现这一目标提供了可行的解决方案。

（2）重点地段意向性详细规划。

在南阳历史城区的规划中，特别选定了清真寺—琉璃桥地段进行了意向性详细规划。这一策略不仅旨在加强对历史城区的保护、整治与改造工作，而且还强调了其示范作用，意在展示如何在维护历史文化遗产的同时，促进城区的现代化

① 梁庄，张昊. 南阳历史文化名城保护规划与思考［J］.《规划师》论丛，2011（1）：154–160.

进程。规划的制定过程不仅包括了常规的现场踏勘，还进一步进行了社区社会调查。这一步骤至关重要，因为它使规划者能够深入了解该区域居民的居住条件、生活需求及对改造项目的期望和意愿。通过这种方式，规划不仅仅是一份文档，而是一份综合了居民需求、考虑了地区特色和历史价值的生动规划。

第二章 数字技术发展的成就与对历史文化名城保护的影响

第一节 数字技术发展的成就分析

一、部署数字技术创新项目和计划，数字技术创新能力得到快速提升

全球数字技术的迅猛发展正在深刻改变着社会生产和生活的方方面面，这一变革不仅推动了行业的数字化、网络化和智能化转型，也在重塑人类的生产和生活方式。可以说，一场以数字技术为核心的颠覆性革命正在全球范围内悄然展开。历史上的工业革命已经证明，技术创新是推动生产力跃进的关键。英国、美国等国家正是凭借在蒸汽机、电力和互联网技术的领先，成功引领了各自时代的工业革命，实现了生产力的巨大飞跃。在数字技术创新所带来的红利面前，世界各主要发达国家都在积极出台相应的政策规划，旨在促进数字技术的创新发展，以适应本国的发展需求。这些政策规划的出台，体现了各国对数字技术创新重要性的高度认识和对未来发展趋势的积极应对。

面对国际竞争和发展的新形势，我国也深刻认识到数字技术创新的重要性。虽然我国在数字技术的某些领域尚未实现自主创新，并且数字技术创新存在着研发周期长、投入大、风险高等特点，但这并没有阻碍国家对数字技术创新的重视和支持。自党的十八大胜利召开以来，科学技术部等相关部门积极行动，通过制定国家数字技术重大科研计划等方式，集中国家优质的创新资源，开展数字技术的创新攻关。这种集中力量进行创新攻关的做法，不仅有利于克服数字技术创新过程中的困难和挑战，也为我国数字技术的发展和应用提供了强有力的支持。通过这些措施，我国正逐步在数字技术创新领域取得突破，努力缩小与世界先进水平的差距，力求在数字技术革命的浪潮中占据有利地位。

重大科研专项不仅展现了国家在科技创新领域的组织者角色，也彰显了我国集中力量办大事的显著优势。我国数字技术创新能力的不断增强，可以从全社会研究与试验发展（R&D）经费投入、R&D 人员数量、相关高新技术企业发展状况及信息领域学术成果的影响力体现这一点。从 R&D 经费投入的角度观察，国家统计局的数据揭示了我国在科技创新方面的投资力度①。自 2012 年以来，R&D 经费支出总量显著增加，从 1.03 万亿元增长至 2021 年的 2.8 万亿元，年均增长率高达 11.8%。这一投入总量使中国稳居世界第二，仅次于美国。特别值得一提的是，R&D 基础研究经费的投入也呈现出快速增长的趋势，从 2012 年的不足 500 亿元上升到 2021 年的 1817 亿元。这一增长不仅反映了我国对科技基础研究的重视，也为后续的技术创新和应用提供了坚实的基础。从 R&D 人员的数量上看，我国在科技人才的培养和吸引方面也取得了显著成效。R&D 人员全时当量的数量从 2012 年的 325 万人年快速增长至 2021 年的 572 万人年。其中，专注于基础研究的 R&D 人员全时当量也从 2012 年的 21 万人年增加至 2021 年的 47 万人年。这一增长不仅展示了我国在科技人才队伍建设上的成就，也为数字技术等领域的创新提供了强有力的人才支持。

在数字技术创新领域，高新技术企业起着至关重要的作用。2017~2021 年，中国上市互联网企业在研发投入上实现了惊人的增长，达到了 227%。这一显著增长不仅体现了企业对创新重视程度的提升，也反映了我国数字技术领域整体实力的快速增强。2021 年，欧盟委员会发布的产业研发投入 2500 强企业名单中，我国有 597 家企业入选，其中在信息技术软件服务、硬件设备领域的企业就达到了 210 家。这一数字在全球范围内都是领先的。更为值得关注的是，13 家中国企业进入了全球 PCT 国际专利申请的前 50 名排行榜，其中华为连续五年位居榜首（数据截至 2021 年）。这些成就不仅展示了我国高新技术企业在全球科技创新舞台上的重要地位，也证明了我国在关键技术领域的突破和领先。随着创新驱动发展战略的深入实施，2021 年，我国高新技术企业的数量近 33 万家，同比增长了 18.7%。这些企业的研发投入占全国企业投入的 70%，这一比例的高涨进一步凸显了企业创新在国家科技进步和产业升级中的主体地位。企业创新的活跃不仅推动了科技成果的快速转化，也为经济发展注入了新的活力。

---

① 赵德起，孟琳.党的十八大以来我国数字化转型取得的成就，经验与前景展望［J］.湖南科技大学学报（社会科学版），2023（1）：75-83.

在数字技术领域，专利申请和授权数量是衡量一个国家科技创新实力的重要指标。近年来，我国在信息技术领域的学术成就和创新能力得到了显著提升，尤其是在国际专利申请和授权方面取得了突出成绩。2021年，我国信息领域的PCT国际专利申请数量超过了3万件，相比2017年增长了60%，这一增长率体现了我国在信息技术领域创新活动的快速发展。更值得关注的是，在计算机技术和数字通信领域的PCT国际专利申请数量方面，我国均居于全球第一，全球占比超过1/3。这一成就不仅展现了我国在这些关键技术领域的领先地位，也反映了我国在全球数字技术创新中的重要作用。在国际授权专利方面，根据阿里研究院发布的《2023全球数字科技发展研究报告——全球科研实力对比》数据，从2012年1月至2021年12月，我国的数字技术授权专利数量排名全球第一，是排名第二的美国的2.9倍。这一数据充分证明了我国在数字技术研发能力上的全球领先水平。然而，尽管在数量上取得了显著成就，我国在数字技术高价值授权专利数量方面与美国存在相当大的差距。这一现象不仅凸显了在关键核心技术领域，我国仍面临着发达国家的技术"卡脖子"现象，也指出了未来我国数字技术创新发展的重要攻关方向，具体排名如表2-1所示。

表2-1　2012~2021年全球数字技术授权专利数量和
数字技术高价值授权专利数量前10位国家

排名	国家	数字技术授权专利数量（件）	排名	国家	数字技术高价值授权专利数量（件）
1	中国	387989	1	美国	12859
2	美国	133273	2	日本	3718
3	韩国	45443	3	韩国	2111
4	日本	32805	4	中国	1650
5	德国	13659	5	德国	1632
6	法国	4566	6	法国	637
7	加拿大	4337	7	荷兰	616
8	英国	3790	8	瑞士	561
9	瑞士	3402	9	英国	550
10	荷兰	3350	10	加拿大	408

资料来源：阿里研究院发布的《2023全球数字科技发展研究报告——全球科研实力对比》。

二、关键数字技术创新不断取得突破，核心数字技术自主创新能力增强

在数字技术日益成为推动经济社会发展的关键力量的今天，界定关键数字技术的范围成为学术界和社会广泛关注的问题。由于缺乏统一的认识，本章尝试通过对比国内外重要政策文件，对关键数字技术的具体范围进行明确。2021 年，国务院印发的《"十四五"数字经济发展规划》中"增强关键技术创新能力"明确提到了关键数字技术的重要性。2022 年，美国以国家安全为由更新了出口管制条例，同时修订了《关键和新兴技术（CET）清单》。通过综合分析《"十四五"数字经济发展规划》及美国新修订的《关键和新兴技术（CET）清单》中提及的技术，可以对关键数字技术进行具体界定。基于以上政策的综合分析，本章将关键数字技术定位为以下几个核心领域：高性能计算机、大数据、云计算、人工智能、传感器、网络通信（特别是 5G 和 6G）、区块链、量子信息技术及集成电路（芯片），国内外关键数字技术对比如表 2-2 所示。这些关键数字技术在当今社会的各个领域都扮演着至关重要的角色。例如，高性能计算机和大数据技术是处理海量信息、进行复杂计算的基础；云计算和人工智能技术正改变着人们的工作和生活方式，提供了新的服务模式和业务流程；传感器和网络通信技术是实现物联网和智慧城市的关键；区块链技术提供了数据安全和信任机制的解决新方案；量子信息技术被认为是未来信息技术领域的一大革命；集成电路（芯片）则是现代电子设备不可或缺的核心组件。

表 2-2 国内外关键数字技术对比

《"十四五"数字经济发展规划》涉及的关键技术	最新修订的《关键和新兴技术（CET）清单》
人工智能	云计算、数据存储、数据处理和分析技术、人工智能
传感器	先进的网络传感器技术
网络通信	通信与网络技术（包括 5G 和 6G）
区块链	分布式账本技术
量子信息	量子计算、量子网络
集成电路	半导体与微电子技术

自党的十八大以来，我国在关键数字技术领域取得了显著的进展，成功将 5G、区块链、人工智能、大数据、量子科技、高性能计算机等技术推至全球第一梯队。

这些技术的突破和创新不仅展现了我国科技创新的强大动力，也为经济社会的发展带来了深远的影响。在 5G 和 6G 技术方面，我国在全球的领先地位尤为突出。据统计，全球声明的 5G 标准必要专利超过 21 万余件，涉及近 4.7 万项专利族。其中，我国声明的 1.8 万余项专利族占比近 40%，超过了占比 34.6% 的美国，位列世界第一。在此基础上，我国华为公司在申请人排名上以 14% 的占比居全球首位，充分证明了我国企业在 5G 领域的领先技术实力和创新能力。此外，我国在 6G 专利申请量上的贡献率超过 30%，继续保持世界领先地位，展现了我国对未来通信技术发展的深远布局和战略眼光。区块链技术方面，我国同样取得了引人注目的成就。2021 年，我国区块链专利申请数量在全球的占比超过 84%，位居全球榜首。2020 年，国内区块链专利公开申请量达到 14013 个，比 2019 年底增长 60%。这一增长速度反映了我国在区块链技术研发和应用方面的高度活跃。此外，针对制约区块链技术大规模应用的关键问题——吞吐率和可伸缩性，我国已有多种系统投入运行或进入实验阶段，展现了在解决区块链技术挑战方面的努力和成果。

人工智能技术方面，数据显示我国在全球范围内的专利申请量占据了绝大多数。根据统计，2021 年，我国在人工智能领域的专利申请量占全球的 70.9%，高居全球首位。自 2012 年以来，我国的人工智能专利产出从 7968 件飙升至 2021 年的 80785 件。与此同时，有关人工智能论文的发表也呈现出相同的增长趋势，2021 年，我国在全球的占比为 26.5%，成为世界第一。这一成绩从 2012 年的 3423 篇增长到 2021 年的 26000 篇。量子信息领域的成就同样值得关注。截至 2021 年 9 月，我国在量子计算领域的学术成就及研究机构的建设仅次于美国，居于全球第二位。尤其在量子通信方面，我国处于无可争议的领先地位，无论是论文发表量还是专利申请量均排名全球首位[①]。在量子通信领域的一系列创新中，我国成功发射了世界首颗量子科学实验卫星"墨子号"，并且成功构建 76 个光子的量子计算原型机"九章"，这两项成就标志着我国在量子信息技术领域的领先地位和科技实力。

在超级计算机这一竞技场上，我国的成就尤为显著。超级计算机长期以来被视为国家科技实力的重要标志，我国在这方面的投入和成就令世界瞩目。在"863计划"中，高性能计算机就被定位为关键的突破项目。到了 2022 年 5 月，国际超算组织发布的最新 TOP500 榜单显示，我国有 173 台超级计算机入榜，占全球总

---

① 戚聿东，沈天洋.党的十八大以来我国数字技术创新的成就、经验与展望［J］.学习与探索，2023（4）：76-87+2.

数的 34.6%，超过了美国（占比 25.6%），居于世界首位。这一成就标志着我国在超级计算机领域的领先地位。在集成电路领域，我国也展现出了引人瞩目的进步。在通用芯片领域，龙芯、申威、飞腾、海光和兆芯等国产芯片已经成为行业的佼佼者，它们不仅在个人计算机、服务器领域，甚至在超级计算机领域逐步实现了对 Intel、AMD 等国际品牌 X86 芯片的全面替代[①]。这一替代过程不仅体现了我国芯片技术的迅猛发展，也反映了国产技术在全球半导体行业中日益增强的竞争力。在存储技术方面，我国已成功建成与国际主流 DRAM 产品同步的高水平生产线。这条 10 纳米级的第一代 8GbDDR4 产品生产线的建成，意味着我国在存储领域的技术和生产能力已达到国际先进水平，为国内外市场提供了高品质的存储产品。

三、数字技术创新应用程度不断加深，数字经济发展呈现强劲态势

在当今时代，数字技术创新的成就远远超出了原始基础研究的突破。它的影响力深远，触及了数字技术与实体经济的紧密结合，展示了数字技术如何渗透并优化传统产业的运作。与传统的技术创新相比，这种创新不仅孕育和推动了与之相关联的新兴产业的发展，更重要的是，它携带通用技术的属性，进而能够为传统产业注入新的活力，推动其向数字化转型迈进。史丹指出，数字技术创新与实体经济的融合程度是衡量其成就的一个关键维度。这种融合不仅是在技术层面的结合，更是一种深层次的经济和社会结构的变革。数字技术，通过其广泛的适用性，已经成为推动经济发展新引擎的核心力量。这一力量不仅塑造了独立的数字产业，还促进了传统产业的数字化转型[②]。这种转型并非简单的技术更新换代，而是一种全面深化的产业革命。通过数字技术，传统产业能够实现更高效的生产流程、更精细化的管理方式和更个性化的消费体验。例如，制造业通过引入智能制造系统，能够实现生产过程的自动化和智能化，提高生产效率和产品质量。农业领域通过应用物联网技术，可以实现精准农业，提高作物产量和质量。服务行业通过大数据和人工智能技术，能够提供更加个性化的服务，提升客户满意度和忠诚度。

也就是说，在数字技术创新与实体经济的融合发展过程中，有两个关键的概念显得尤为重要：数字产业化和产业数字化。这两个过程共同推动了经济的快

---

① 戚聿东，沈天洋．党的十八大以来我国数字技术创新的成就、经验与展望［J］．学习与探索，2023（4）：76–87+2.

② 史丹．数字经济条件下产业发展趋势的演变［J］．中国工业经济，2022（11）：26–42.

速发展和效率的显著提升，展示了数字技术创新在理论上的重要性，还强调了其在实践中的巨大作用。数字产业化，或者说数字产业的增加值，涉及那些直接为市场提供数字产品和服务的企业，如电信业、软件业、互联网行业及电子信息制造业等。这些领域的企业通过创造和提供数字技术产品，直接为经济增加了新的活力。从 2011 年的 2.95 万亿元，数字产业化的规模增长到了 2021 年的 8.4 万亿元。这种增长不仅证明了数字产业本身的蓬勃发展，也反映了数字技术在各行各业中的广泛应用和深远影响。产业数字化则指的是运用数字技术赋能传统产业，从而带动产出的增加和效率的提升。不同于数字产业化直接创造新价值，产业数字化更多的是对传统产业进行改造和升级，使其在生产、管理和服务等各个环节变得更加高效和智能。根据中国信息通信研究院历年《中国数字经济发展研究报告》统计，我国产业数字化的规模从 2011 年的 6.53 万亿元增长到了 2021 年的 37.2 万亿元，年均增长率高达 19%。这一跃升不仅展现了数字技术在传统产业中的广泛应用，也凸显了传统产业通过数字化转型获得的显著增长和效率提升。数字产业化和产业数字化的规模产值的显著增长，不仅是我国数字技术创新在产业应用中取得显著成就的体现，同时也是数字技术创新的根本目标。这一发展趋势不仅说明了数字技术在推动经济增长中的关键作用，更反映了数字技术深刻影响和改造传统产业，促进经济结构的优化和升级。

随着这些变革，经济结构正经历从以工业为主向以数字技术驱动为主的数字经济转型。《中国数字经济发展白皮书》认定数字产业化和产业数字化为数字经济的关键组成部分，凸显了这一转型对国家宏观经济格局的深远影响。具体来看，数字产业化指的是电信、软件、互联网行业及电子信息制造业等信息通信领域企业，通过提供数字产品和服务为市场创造新增价值的过程。产业数字化则涉及应用数字技术赋能传统产业，以实现产出增加和效率提升 ①。这两者的发展不仅推动了经济社会的数字化转型，也反映了数字技术创新在产业应用中的卓越成就。据《中国数字经济发展白皮书》数据，我国的数字经济规模从 2012 年的 11 万亿元增长至 2021 年的 45.5 万亿元，其在国内生产总值中的占比也从 2012 年的 21.8% 提升至 2021 年的 39%。这一显著的增长不仅彰显了数字经济在我国宏观经济中的稳定和加速作用，也反映了我国在全球数字经济中的重要地位和影响力。

① 彭德倩.数字经济潮涌，城市准备好了吗［J］.大众投资指南，2022（1）：30-32.

随着数字经济的蓬勃发展，其内部经济结构经历了显著变革。观察这一变化，不难发现数字产业化与产业数字化在数字经济中的比重发生了明显的调整。具体来说，数字产业化在数字经济中的占比自 2011 年的 31.1% 降至 2021 年的 18.4%。相反，产业数字化的比重则从 2011 年的 68.9% 增加到 2021 年的 81.6%。这种变化不仅反映了数字经济结构的演变，也揭示了产业数字化成为推动数字经济增长的核心动力。这一趋势的背后，是数字技术创新及其在各领域的广泛应用所驱动的。随着新技术的不断涌现和成熟，如云计算、大数据、人工智能等，数字技术在各行各业中的应用变得越来越广泛，从而推动了产业的数字化转型。这种转型不仅优化了传统产业的运作模式，提高了生产效率和服务质量，也促进了新兴产业的快速发展，为经济增长注入了新的动力。产业数字化成为数字经济的主引擎，反映了数字技术与传统产业深度融合的趋势。在这一过程中，各行各业通过采纳数字化解决方案，不仅实现了业务流程的优化，还创造了新的商业模式和增长点。例如，制造业通过引入智能制造系统，提升了生产效率和产品质量；零售业通过电子商务平台，实现了销售渠道的多元化和市场的全球化；金融业通过金融科技，提高了服务的便捷性和安全性。这些变化极大地推动了产业的升级和经济的增长。

四、数字技术创新水平不断提升，支撑国际国内技术标准规模壮大

在数字经济时代，数字技术不仅是信息与通信技术（ICT）的进化形态，也继承了 ICT 领域的一些核心经济学特性，特别是需求方规模效应和技术锁定效应。这些特性意味着，在竞争激烈的市场中，掌握先进数字技术的企业极可能达到"赢者通吃"的垄断地位。换言之，这类企业通过提供独特且高效的数字产品或服务，能够吸引大量用户，从而形成一种市场主导地位，难以被竞争对手撼动。消费者在面对具有相似功能的多个数字产品时，其选择往往基于两个关键因素：产品的兼容性与用户规模。这是因为数字产品的价值不仅来源于产品本身的功能和性能，还包括使用该产品能带来的附加价值，即溢出价值。这种溢出价值主要体现在产品能够带来的网络效应，即产品的使用价值会随着使用该产品的用户数量增加而提升。例如，社交网络平台或即时通信应用的价值，在很大程度上取决于用户的活跃度和数量，因为人们倾向于加入其朋友或家人使用的平台。因此，当一个数字产品或服务在初期能够吸引大量用户时，它就能通过网络效应迅速扩大用户基础，进一步增强产品的吸引力。这种增长循环不仅增加了产品的直

接价值，还能带来更多的溢出价值，如更广泛的社交网络接入、更丰富的内容和服务等。随着用户规模的扩大，新用户加入的边际成本降低，而既有用户的留存率提高，从而形成一种技术锁定效应。这种效应意味着一旦用户投入了特定的技术或平台，就会因为各种成本和效益考虑，而不易转向使用其他竞争产品。

在数字经济时代，企业能否占据市场主导地位，很大程度上取决于它们在技术创新上的先发优势及如何通过这些创新提升用户体验。数字企业若能通过技术创新满足和超越用户期望，便能迅速建立起庞大的"安装基础"，即快速增长的用户群体。进一步地，企业会将这些创新成果专利化，并致力于实现技术标准化，以加强其市场地位。数字技术的高度集成性和复杂性要求产品之间能够实现良好的互操作性，这通常通过采纳共通的技术标准来实现。一旦企业通过早期的技术创新积累了大量用户基础，这些用户所承担的学习成本和沉没成本就会成为新用户选择该技术的一个重要考虑因素。因为用户规模的增加会为其他消费者带来更多的价值，如更丰富的交互和更广泛的兼容性，从而吸引更多新用户加入。这种正反馈机制能有效地增强企业的市场控制力，直到竞争对手被迫退出市场。戚聿东和刘欢欢在 2022 年的研究中指出，这种自我强化的正反馈效应能够挤压竞争对手，直至它们退出市场[①]。杜邢晔在分析中，进一步指出随着数字经济在国民经济中的比重持续增长，这种正反馈效应的效率将得到进一步增强，市场结构因此趋向于"竞争性垄断"[②]。一个典型的例子是腾讯在社交网络领域的成功转型。面对 QQ 平台的衰落，腾讯通过技术创新推出了微信，一个提供更佳用户体验的新平台。微信的成功不仅是因为它在功能上的创新，更因为它能满足用户对于便捷、高效社交的需求，从而迅速积累了庞大的用户基础。通过持续的技术创新和改进，微信进一步巩固了腾讯在社交网络领域的领先地位。

为了深入理解中国在全球数字技术创新竞争中的地位，在这里笔者通过国际标准化组织（ISO）的标准必要专利（SEP）数据库进行分析。依据国家统计局发布的《数字经济及其核心产业统计分类（2021）》，将数字经济产业划分为五大类别：数字产品制造业、数字产品服务业、数字技术应用业、数字要素驱动业

① 戚聿东，刘欢欢. 数字经济下数据的生产要素属性及其市场化配置机制研究 [J]. 经济纵横，2020（11）：63-76+2.
② 杜邢晔. 数字经济市场结构演变与企业创新意愿——基于互联网平台企业的两阶段 DEA-Tobit 检验 [J]. 学习与探索，2022（9）：118-126.

及数字化效率提升业，其中前四类为数字经济的核心产业①。通过对我国 2012 年至 2022 年 10 月 28 日提交的国际 SEP 进行整理（见表 2-3），可以看出，在过去十多年中，我国在数字经济核心产业领域共提交了 47 项国际 SEP，这不仅充分展示了我国在该时期内数字技术创新达到了国际领先水平，而且还显示出我国数字经济核心产业的国际 SEP 总体呈现出增长的趋势，在所有国际 SEP 中占据了绝对比重。这一发展趋势表明，我国正集中创新力量，在数字技术创新方面加速前进。数字经济核心产业的国际 SEP 数量的增长，不仅反映了我国在数字技术研发和应用方面的强大实力，也意味着我国在制定全球数字技术标准方面发挥着越来越重要的作用。这种在全球范围内的技术领导地位，不仅为我国企业在国际市场上提供了竞争优势，也有助于提升我国在全球经济中的影响力。随着数字技术不断发展和演进，从云计算、大数据到人工智能、物联网等新兴技术领域，我国的企业和研究机构正不断推动技术创新，致力于将这些创新成果转化为技术标准，以此来巩固和扩大其在全球数字经济中的领导地位。通过专注于技术标准的制定和推广，我国不仅能够确保其技术创新得到广泛应用，还能够在全球范围内塑造有利于自身发展的技术生态系统。

表 2-3　我国的标准必要专利　　　　　　　　　　单位：项

时间	数字经济核心产业标准必要专利	其他产业标准必要专利
2012 年	3	0
2013 年	2	0
2014 年	2	0
2015 年	5	0
2016 年	12	0
2017 年	1	1
2018 年	0	0
2019 年	0	0
2020 年	6	0
2021 年	12	5
2022 年 10 月 28 日	4	0

资料来源：国际标准化组织（ISO）标准必要专利数据库。

———————
① 郁圣子.促进数字经济产业发展的税收优惠政策研究［D］.北京：中央财经大学硕士学位论文，2022.

我国在数字技术标准化方面的基础越来越坚实，体现在国家层面标准化规模的快速增长。《中国标准化发展年度报告（2020年）》揭示了这一趋势的几个关键指标。2020年，我国筹建和成立了包括区块链在内的32个全国专业标准化技术组织，这一举措显著增强了技术标准化的组织架构。同时，全国范围内启动的国家级标准化试点示范建设项目数量达到了279个，较2019年激增了122个项目，表明我国在标准化实践上的深度和广度都在迅速扩展。此外，国家标准的修订周期缩短至24个月，这一改进显著提升了标准化工作的效率和响应速度，能够更快地反映和应对技术发展的最新趋势。技术标准在数字技术创新与科技成果转化之间起着桥梁作用，标准化不仅为技术创新提供了共通的语言和框架，促进了知识的积累和传播，而且通过确立技术规范，帮助科技成果快速转化为实际应用，进而推动产业升级和经济发展。随着国际和国内技术标准规模的快速增加，这意味着我国在数字技术创新方面不仅取得了显著成果，而且这些成果正通过标准化工作转化为推动数字经济高质量发展的重要支撑。这种发展背后，体现了我国政府对于标准化工作重要性的高度认识和积极推动。通过建立和完善技术标准，我国不仅在推进自身的数字经济发展，同时也在为全球数字经济的发展贡献力量。标准化使得我国的数字技术创新成果能够与国际接轨，促进了国际合作与交流，加速了我国技术的国际化和高质量发展的步伐。

第二节　数字技术对历史文化名城保护的影响

一、城市公共空间设计领域发展大环境概述

（一）生活于数字化之中——时代背景

1. 数字化生存是信息时代的新阶段

在信息时代的浪潮中，1995年成为了标志性的一年，这一年不仅见证了网络概念从理论走向实践的重大转变，也为美国经济的蓬勃发展开启了新篇章，人们称之为奇迹时代。在这一年，麻省理工学院的教授兼媒体实验室主任尼葛洛庞蒂发布了具有里程碑意义的作品《数字化生存》，该作品勾勒出了一个基于"比特"为中心的新时代蓝图，为数字时代的来临提供了理论支撑和想象空间。尼葛洛庞蒂的前瞻性思考不仅激发了广泛的社会讨论，更使他被《时代》周刊评选为

当代最具影响力的未来学家之一。在进一步探索信息时代的发展中，雷·海蒙德对信息时代发展阶段进行了细分，将其区分为物质化信息时代和数字化信息时代。物质化信息时代以"原子"作为信息的主要承载体，这一时期的信息消费主要围绕着实体物品的购买和使用，如书籍、报纸、杂志及基于模拟信号的通信设备如电话、电视和传真机[①]。这些传统媒介使得信息传播的速度和效率得到了极大提升，人们能够通过它们实时观看体育比赛和其他大型活动的直播，极大地丰富了人们的信息消费体验和获取渠道。这一时期的特征标志着信息与物理媒介的紧密结合，信息的获取和传播仍然依赖于实体的形式。尽管这一阶段在提高信息传播效率和范围方面取得了显著成果，但其天然的物理限制也决定了信息传播速度和覆盖范围的潜在局限。随着技术的发展和数字化时代的到来，信息时代迎来了根本性的变革。信息的承载和传播不再依赖于物理媒介，而是转向以数字形式存在的"比特"，这标志着从物质化信息时代向数字化信息时代的转变。数字化不仅极大地拓展了信息传播的速度和范围，还推动了信息消费方式的根本性变革，使得人们能够以前所未有的便捷性和效率获取和分享信息。

在数字技术如何重塑城市公共空间设计的探讨中，不可忽视信息技术演变的深远影响。阿尔文·托夫勒对信息传播的广泛性和迅捷性进行了赞赏，揭示了信息技术如何开始改变社会的基本结构。尼葛洛庞蒂将这个时代定义为"传送原子"的时代，代表信息时代早期阶段的特征。随后，随着社会步入数字化信息时代，信息处理和传输的工具发生了革命性的转变[②]。计算机和网络技术的兴起，使信息的加工和传输方式从依赖传统书写和物理运输的手段，转变为通过数字化工具完成，这标志着信息时代从物质化向数字化的根本变迁。这种变革不仅仅局限于信息处理和传输方式的改变，它还促进了信息载体的统一化。在数字化时代，无论信息的形态是文本、符号、声音、图形还是图像，都采用"比特"作为其统一的载体。这种统一化大大简化了信息的存储、处理和传播流程，为信息的快速流通和广泛传播提供了可能。城市公共空间设计在这一信息技术演变的背景下，也经历了深刻的变化。数字技术的应用，如智能手机、物联网设备和各种数字平台已成为现代城市生活中不可或缺的一部分。这些技术不仅改变了人们获取、处理和分享信息的方式，也重新定义了公共空间的功能和形式。

---

① ②　蔡曙山.论数字化［J］.中国社会科学，2001（4）：33-42+203-204.

比特的传输速度接近于光速，这是自然界中所有速度的极限，远远超越了物理世界中原子传输的速度。这一显著差异不仅标志着信息传播效率的巨大飞跃，也预示着信息传播方式的根本性变革。数字化时代信息的传播特征更是展现了开放性的新境界。互联网通过全球统一的协议，采用点对点的方式组织信息传输，保障了信息形态的开放、通信方式的自主性及通信主体的平等性。这种开放性和互联性为城市公共空间设计带来了前所未有的机遇和挑战，迫使设计师考虑如何借助这些技术创新来提升公共空间的功能性和互动性。相较于物质化信息时代，数字化时代的人们在获取和消费信息方面表现出更主动的态度。这种变化不仅影响了人们的日常生活习惯，也对城市公共空间的设计理念和实践产生了深刻影响。设计师开始更多地考虑如何将数字技术融入空间设计之中，以激发公众的参与度和互动性，进而提高空间的可访问性和多功能性。

2. 数字化推动人类文明的进步

数字技术在推动城市公共空间设计领域的发展中扮演着举足轻重的角色，同时，其对人类文明进步的推动也不容忽视。数字化，作为当代最为突出的技术革新之一，已经深入到我们日常生活的方方面面，包括图书馆、博物馆和学校等领域，而社区、政府及整个社会的数字化转型也正加速进行中。现有的观点普遍认为，人类文明的所有成就——无论是物质还是非物质文化遗产——都可以通过数字化的方式得到保存和传承。这意味着，无论是文字记录的历史、艺术作品的美学价值，还是科学研究的重大发现，都能通过数字形式被永久保留和广泛分享。其中，人类基因组的解码便是一个例子，它揭示了即使是代表人类文明顶峰的人类自身，也可以被转换为数字信息。这一突破性的转变不仅促进了科学技术和医学的进步，也为我们理解自身及保护和传承人类文明提供了全新的途径。

放眼未来，广大学者可以看到一个充满希望的前景，即人类的文明成就能够被存储在极其微小且密集的物质载体中。这意味着，即使人类自身不再存在，这些无价的文明成果也有可能得到永久的保存。这一前景不仅揭示了数字化时代带来的巨大机遇，也凸显了我们面临的挑战。特别是在城市公共空间设计领域，数字化进程的影响是深远和显著的。通过融合先进的数字技术，设计师有能力创造出更为动态、互动和包容的公共空间。这些空间不仅能够满足当前社会的多样化需求，还能够适应未来可能出现的新需求和新挑战。数字技术，如大数据分析、虚拟现实（VR）、增强现实（AR）等，为设计师提供了创新的工具，使他们能够以全新的视角理解和塑造公共空间，从而提升这些空间的功能性、可达性和持续性。随着人们进入更加数字化的社会，公共空间的设计和使用方式注定会发生根本性的变化。社区和政府的数字化转型推动了人们对公共空间功能和形态的重新思考。在这个过程中，设计师面临的关键问题包括如何在空间设计中融入数字技术，以提高社区的参与度、提升治理效率，以及加强文化的传承。公共空间的设计不再仅仅关注物理结构的建立，而是开始关注如何构建一个能够响应数字时代需求的灵活框架。例如，利用数字技术提高空间的适应性，使其能够根据不同事件和社区需求快速转变功能。此外，通过增强现实和虚拟现实技术，公共空间能够提供更加丰富和沉浸式的体验，为用户带来前所未有的互动方式。

（二）信息时代数字化技术的飞速发展——技术支持

1. 数字化技术为新媒体艺术的发展提供可靠的技术支持

数字化技术的应用不仅增强了媒介的交互传达性，还为视觉设计提供了前所未有的非线性操作方式，引发了视觉设计在观看方式、表达方式和创作方式上的重大变化。数字化技术的使用使得视觉作品的观看覆盖面显著扩大，人们可以通过互联网等数字平台轻松地接触到各种视觉艺术作品，从而使得艺术作品的传播不再受到时间和空间的限制。然而，这种广泛的覆盖面也带来了一个挑战，即审美主体对于观看内容的认同性变得越来越低。在信息爆炸的时代背景下，观众面对海量的视觉信息，往往难以对每一件艺术作品产生深刻的认同感和情感联系。面对数字化技术无所不能的表现力，视觉设计主体也开始改变原有的创作习惯，这种变化不仅体现在技术层面的掌握和应用方面，更在于它激发了设计师的创作激情和创新思维。设计师通过探索数字化技术创新的可能性，不断寻找新的表达形式和创作方法，使得现代视觉设计作品更加丰富多样、充满创意。数字化技术的发展不仅推动了现代艺术设计的革新，还展现了科学技术与艺术设计之间的深刻互动。这种互动不仅促进了艺术表现手法的多样化，也使人们能够从不同角度探讨科技与艺术的关系。随着技术的不断进步，人们对于科技发展带来的种种困境和挑战也开始进行深入思考，如何在保持技术进步的同时，兼顾人类精神世界的丰富性和深度，成为了一个值得探讨的话题。

2. 以新技术为支撑的各类新媒体艺术的发生

信息技术的快速发展催生了以数字化媒介为核心，互联网为主要传输与展示平台的新媒体艺术。这种艺术形态正在全球范围内蓬勃发展，与传统艺术形式相比，新媒体艺术的独特之处在于它极大程度上依赖于新技术及其理论的进展。新媒体艺术家利用各种尖端科技成果进行艺术创作和表达，旨在反映时代背景下人类的思维方式及其对艺术的深度思考[①]。追溯到 20 世纪，随着电视及网络的诞生，电子媒介开始在艺术领域被广泛运用。这一时期，大地艺术、行为艺术、观念艺术等非传统艺术形式的兴起，为电子媒介在艺术中的应用提供了肥沃的土壤，推动了电子媒介的进一步发展。特别是进入 20 世纪 70 年代，实验性电视节目的出现，使人们开始深入思考新技术手段在艺术领域的应用可能性，催生了早期的电子视觉语言，并促进了新一代录像艺术家的涌现。与传统艺术相比，新媒体艺术通过数字技术的应用，打破了艺术创作的物理界限，实现了空间的虚拟化、作品的动态化及观众互动的可能性。这种艺术形式不仅为艺术家提供了更为广阔的创作空间，也为观众带来了全新的艺术体验。观众不再是被动接受艺术作品的一方，而是能够通过互动参与作品的创作和演绎，这种参与性和互动性是新媒体艺术与传统艺术形式的一大区别。

新媒体艺术在其不断发展的过程中诞生了一种新的艺术形态——录像装置艺术。这种艺术形式结合了装置艺术的空间感和录像艺术的时间维度，以其独特的时效性、互动性和敏锐性迅速在国际艺术界引起了广泛关注，并频繁出现在各种国际展览及艺术节中。20 世纪 80 年代起，众多国际知名的美术馆、艺术机构和基金会纷纷开始举办与新媒介相关的电子艺术活动，这些国际活动的举办极大地推动了新技术手段在艺术领域的广泛应用，各式各样的新媒介艺术作品如同雨后春笋般涌现[②]。我国也不例外，自 2000 年开始，北京、上海等城市相继举办了新媒体艺术节和学术论坛。这些活动不仅为我国的新媒体艺术家提供了展示和交流的平台，也促使我国的新媒体艺术走向国际，与全球的新媒体艺术潮流接轨。录像装置艺术的出现和发展，反映了新媒体技术如何深刻地影响和改变艺术创作的方式和观念。它突破了传统艺术形式的局限，通过结合动态图像和特定空间的装置，创造出一种全新的视觉和感官体验。这种艺术形式的互动性，尤其是观众能够与作品发生直接互动的特点，极大地拓宽了艺术表达的边界，使得艺术作品能够更加生动地反映现代社会的复杂性和多元性。

在多媒体艺术领域，交互性的出现是交互艺术发展中的一个重要里程碑。尽

---

①②　王峰.数字化背景下的城市公共艺术及其交互设计研究［D］.无锡：江南大学博士学位论文，2010.

管最初的交互性表现为较为简单和原始的指令性操作，并未实现深层次的互动，但这一阶段为新媒体艺术的演进奠定了基础。随后，新媒体艺术借助于新技术的发展，在表现性、综合性和互动性方面进行了创新性的尝试，逐渐成长为一门更加综合的艺术形式。在这一过程中，互动公共艺术作为新媒体艺术的一个组成部分，开始逐渐显露其轮廓。20世纪90年代后，计算机的快速发展为新媒体艺术提供了更为强大的技术支撑，使得许多新媒体艺术作品呈现出互动的艺术形态。与此同时，随着新媒体艺术作品奖项的设立及互联网艺术作品的进一步发展，为21世纪互动装置艺术的发展奠定了坚实的基础。进入21世纪，随着社会的发展和人类思想的不断进步，以人为本的人性化理念被广泛提出。人与人之间的交流和互动变得尤为重要。在这样的背景下，互动性公共艺术作为艺术的一种新的表现形式，受到了人们更大的关注①。这种艺术形式通过互动的方式，强调观众与艺术作品之间的动态关系，使艺术体验变得更加个性化和多元化。观众不再是被动的接受者，而是变成了艺术创作和体验过程的参与者，这种参与感和互动性极大地丰富了公共艺术的内涵。

（三）公共艺术作为城市文化载体的需求——新趋势

随着社会的不断进步，城市居民的生活方式和消费习惯正在经历多样化的转变。这种转变不仅体现在对高科技产品和信息化服务的追求上，也反映在人们对生态环境问题的深刻反思中。随着高科技产品和信息化展品的快速发展和更新，人类开始更加关注节能减排、低碳环保等问题。这些新兴的概念不仅在日常生活中逐渐流行起来，也逐步成为城市发展和规划的重要考量。这种趋势促使城市空间的设计和规划从单一的功能导向转变为更加注重内涵和可持续性的方向发展。城市空间不再仅仅是满足基本的居住、工作和娱乐需求的场所，而是开始融入更多关于生态环保、节能减排的理念，成为具有丰富内涵的空间。这种转变体现了城市性质和形态正在逐渐适应人类需求的变化，反映了一种从以人为本出发，寻求人与自然和谐共生的城市发展模式。在这一背景下，城市规划和设计开始着重考虑如何通过创新的设计手法和科技应用，提高城市空间的节能效率和生态性能。例如，通过绿色建筑设计、可再生能源的利用、绿色交通系统的建设等方式，来降低城市运行对环境的影响，提升城市空间的可持续性。此外，城市公共

---

① 王峰．数字化背景下的城市公共艺术及其交互设计研究［D］．无锡：江南大学博士学位论文，2010．

空间的设计也越来越注重促进社区的互动与交流，鼓励市民参与到城市绿化、节能减排等公益活动中来，增强公众的环保意识和责任感。

　　自 1945 年以后，世界经历了一场生产技术和产业结构的深刻变革。现代科学技术革命催生了以新型材料、电子信息技术和生物技术为代表的新兴生产力，这些新兴产业的快速发展极大地推动了社会生活、经济活动及城市化进程的变革。特别是进入 20 世纪 90 年代之后，随着各种高科技产品和网络信息化产物的成熟与普及，社会形态和民众生活方式经历了根本性的改变。人们的生活质量逐步提高，对城市环境和公共文化空间的需求也随之增长，这种变化直接促进了城市公共艺术的发展。在数字化时代背景下，城市公共艺术的发展和创作方法的研究成为了一个迫切和必要的议题[①]。数字化技术不仅为城市公共艺术提供了新的表现手段和创作工具，也为艺术作品的互动性和参与性打开了广阔的空间。这些技术的应用使得公共艺术能够更加灵活地融入城市空间，与市民的日常生活紧密相连，为城市环境增添了新的活力和意义。

二、数字技术对历史文化名城保护的影响

（一）历史文化名城保护的内容

　　历史文化名城保护工作是一项综合性的任务，旨在维护城市独特的历史与文化特色，同时保留城市发展的连续性和完整性。保护的内容广泛，包括物质文化遗产和非物质文化遗产两个主要方面。核心在于保护城市的文化品位与价值内涵，这些是在城市形成和发展过程中逐渐积累的，体现了人类活动对自然环境的影响和改造。物质文化遗产保护着重于维护城市的自然环境和人工环境。自然环境保护关注城市及其周边的江河湖海、山林植被等自然风景，旨在维持城市的自然美景和生态平衡。人工环境保护则集中在对历史文物古迹、历史建筑和街区的维护，这些人工环境是城市历史的见证，承载着城市的记忆和文化传承。非物质文化遗产保护的重点是那些形成城市独特精神文明面貌的元素，如风土人情、民间民俗和文化等。对于这方面的保护工作不仅关乎技能和知识的传承，更是对城市居民共同记忆和身份认同的维护。

---

① 王峰. 数字化背景下的城市公共艺术及其交互设计研究［D］. 无锡：江南大学博士学位论文，2010.

（二）数字技术促进历史文化名城的保护

数字技术的发展为文化遗产的保护与展示提供了前所未有的新途径。通过交互体验的形式，它满足了公众对于知识探索的求知欲和好奇心，同时确保了在展示和利用过程中文化遗产得到有效的保护。数字化不仅为传统的文物保护提供了新的解决方案，也为公众提供了更为丰富和生动的体验方式。数字智能化的展柜展室系统为珍贵文物的保存提供了重要支持，通过控制适宜的温度和湿度环境，有效地避免或缓解了文物的损坏和老化。对这种技术的应用，使得文化遗产的长期保存变得更加可靠和科学。对虚拟空间技术和 AR 互动体验等手段的应用，使得文化遗产能够以三维虚拟场景的形式呈现给公众。这种方式不仅允许人们近距离走进和"触摸"一些不便于公开展示的文化遗产的细节，还可以让人们远距离地欣赏文化遗址周边的景致。这种沉浸式和互动式的体验，极大地丰富了公众对文化遗产的认知和感受。数字技术还能通过与文物或照片的比对，采用虚拟方式进行拼接、数字复制和修复，全方位多视角地展现昔日古都的风貌。这不仅为文化遗产的修复和保护提供了新的可能，也为公众提供了了解和体验历史文化的新窗口。

在弘扬和传承中华优秀传统文化的进程中，保护文化的根脉不仅是维持文化身份和价值观念认同的基础，也是实现文化可持续发展的关键。在这个过程中，数字技术的发展为此提供了一种全新的途径，能够有效地保护和传承历史文化遗产，确保集体记忆的永久性保存。数字技术的介入，尤其是在历史文化遗产保护方面，不仅有助于维护遗产的真实性和延续性，而且能够以前所未有的方式加强公众对文化遗产的了解和接触。通过数字化手段，包括 3D 扫描、数字建模、虚拟现实（VR）、增强现实（AR）等技术，历史文物和遗迹可以被精确地复制和"复活"，使得人们即使身处遥远之地也能够深入地了解和体验这些文化精华。国家文化大数据的建设，如中国文化遗产标本库、中华民族文化基因库和中华文化素材库的发展，正是这一进程的体现。这些数据库不仅标准化、结构化地存储了大量的文化遗产资源，而且通过有线电视网络实现了全国联网，极大地提高了文化遗产的可访问性和使用效率。这些资源库不仅为传统文化的保护和传承提供了坚实的支撑，也为文创产品开发和社会学研究等提供了丰富的素材和数据资源。

（三）数字技术为历史文化名城的创意带来更多的灵感和表现形式

在文化产品供给的过程中，坚持社会效益和经济效益相统一的原则尤为重要。这意味着在推广和开发文化产品时，不仅要考虑其市场价值，更重要的是要突出其在教育人、启迪心智方面的价值。特别是对于历史文化遗产，更需要深入研究和阐释其背后的历史和文化意义，以史育人，传承优秀的中华传统文化。数字技术的发展为文化遗产的传承与创新提供了全新的手段，通过数字虚拟仿真等技术，可以实现跨介质、跨时空的交互体验，这不仅为保护和展示文化遗产开辟了新的路径，也为广大观众提供了沉浸式的学习和体验机会。借助这些技术创造的新颖场景和多感官体验，可以有效地拓展传统文化的边界和想象力，使传统文化在当代社会焕发新的生机和活力。通过将优秀传统文化与当代审美及价值观相融合，可以有效激发大众对中华传统文化的共鸣、认同感和自豪感。这种融合不仅有助于传统文化的传承和发展，也为文化创作者提供了更多的灵感和表现形式，推动跨产业的创新和发展，拓展历史文化遗产的应用领域和市场空间。

在当代社会，不少文化机构通过挖掘自身的优质 IP 资源，并利用 5G、AR、VR、人工智能、直播和元宇宙等新兴技术，成功推出了既雅俗共赏又具有深刻文化内涵的数字文化精品。这些创新尝试不仅为传统文化的传承与发展开辟了新的路径，也为现代人提供了独特的文化体验，从而增强了人们的文化自信。例如，2022 年北京冬奥会开幕式上二十四节气倒计时的惊艳亮相，就是一个典型案例。包含传统智慧的节气、古诗词与充满生机的当代中国影像的结合，展现了一种中国式的空灵与浪漫，激发了广大观众的共鸣。此外，舞蹈诗剧《只此青绿》的成功，也体现了传统文化与现代技术结合的巨大潜力。该作品取材于北宋王希孟的名画《千里江山图》，将中国古典的山水人文风骨融入当代语境，以其唯美和哲思，成为春晚节目的亮点之一。对新兴技术的应用还为年轻人提供了全新的社交和文化体验形式，实景游戏体验、博物馆场景角色扮演等项目，不仅使参与者能够深入体验传统文化的魅力，也使传统文化在年轻一代中得到了新的生命。这种通过技术化和艺术化加工将传统文化融入现代审美的做法，有效地让传统文化"动起来"和"活起来"。

数字技术的迅猛发展和广泛应用正在深刻地重塑着传统文化的创新创意及优质产品的供给方式，它已成为激发文化产业活力的关键因素。在消费升级的背景下，人们的消费观念发生了显著变化，从简单的物质拥有转向对难忘体验的追求，更加重视产品的创意性和情感感染力。在这种趋势下，文化消费成了满足人们对感官享受和情感超越需求的重要方式。在数字技术的赋能下，传统文化的创作和传播方式得到了革新。每个人都有可能基于传统文化创作出富有个性化和多样性的作品,这些作品不仅能够满足消费者对文化产品的个性化需求,也使得文化创意的边界得以拓展。利用数字平台,创作者可以将自己的作品迅速传播给广泛的受众,而这些受众的反馈又可以为创作者提供直接的社会和经济效益激励,从而激发创作者产出更多高质量的文化作品。庞大的消费者群体及激烈的流量竞争,为优秀文化作品的识别和推广提供了平台。作品的社会效益和经济效益得到了有效的正向激励,这不仅促进了文化产品供给的多样化和高质量化,也提升了文化产业的整体活力。随着消费者对于文化产品品质的不断追求,创作者被鼓励去探索更多创新的表达方式和创意思路,以满足消费者的高层次文化需求。

(四)数字技术为历史文化名城展示和传播插上翅膀

在数字化时代,数字技术以其独特的形式和功能,为信息的快速流通提供了极为有效的平台。数字技术的实时性、多样化手段、迅猛的传播速度和广泛的覆盖范围使其成为信息传播的首选渠道。这些特点满足了现代受众对于信息接收的碎片化需求,内容的简洁精炼及直观丰富的呈现方式,极大地提升了受众的接受度和参与度。利用大数据进行精准搜索、个性化推荐和智能分发,数字技术能迅速应对消费者多变的需求,同时在降低成本和提升效率方面表现出巨大优势。这种高效的信息处理和传播能力,确保了内容生产者和消费者之间的高效匹配,优化了信息消费的整体体验。在社交互动方面,数字技术展现出其独有的魅力。由于其社交属性的加强,公众参与变得更加广泛。每个人都能成为内容的生产者和传播者,随时随地分享自己的观点和情感偏好。这种参与性不仅增强了受众的存在感,也促进了多样化观点的广泛传播。数字技术的创新不断推陈出新,为受众提供了沉浸式体验和与时尚潮流相符的新颖呈现方式。这种互动性和体验性的结合,不仅拉近了受众与传统文化的距离,增强了吸引力,而且在轻松愉悦的氛围中让受众获取知识,大大扩展了文化遗产传播的范围和深度。

据 2019 年腾讯互联网与社会研究中心等机构发布的数据,绝大多数年轻人表现出对传统文化的浓厚兴趣,其中大部分人通过网络平台来了解传统文化。这一趋势明显地超越了传统的学校教育和文化场所的实地参观方式,标志着数字化渠道成为连接传统文化与当代文化的桥梁。随着数字技术的发展和应用,网络平台为传统文化的传播提供了新的生命力。年轻一代更倾向于利用网络资源来探索和学习传统文化,这不仅因为网络平台的便捷性,还因为其能提供丰富多样的学习材料和互动体验，使得传统文化的学习更加生动有趣，更能满足年轻人的学习偏好。2020年，由于新冠疫情的暴发导致全球范围内许多博物馆临时关闭，面对突如其来的挑战，全国博物馆系统迅速做出反应，推出了超过2000个线上展览。这些线上展览不仅覆盖了各类文化遗产，而且通过高质量的数字展示，吸引了超过50亿次的浏览，极大地提升了文化遗产的传播力。线上展览的成功，展示了数字平台在推广传统文化方面的巨大潜力和价值，也为文化遗产的保护和传承开辟了新的途径。

在全球文化交流的广阔舞台上，我国传统故事承载着东方文明深厚的历史底蕴和独特的魅力，成为国家文化软实力的重要体现，以及对外文化传播的有效载体。通过讲述中国故事，不仅能够展示我国丰富的文化遗产，还能增强国际间的文化交流与理解。因此，采用全球受众能够理解和接受的方式来讲述这些故事，使用市场化的手段来推广中国的优秀文化产品显得尤为关键。尽管不同国家和地区在经济发展水平、生活背景及文化环境上存在差异，一些普遍的价值观如勤劳与正直、公平与正义、对美好生活的追求等，却是跨越文化界限、在全球范围内被广泛认同和尊重的。这些普遍价值观为文艺作品在不同文化之间的传播提供了坚实的基础，使得中国的传统故事和文化产品能够跨越国界，被不同文化背景的国际受众所接受和喜爱。近年来，我国的国产动画作品在国际舞台上取得了显著成绩，赢得了重要的国际奖项，成为中国文化"走出去"战略的成功案例。这些成就不仅展示了我国动画行业的创新能力和技术进步，也反映了中国故事和文化产品在全球范围内的吸引力和影响力。通过将传统文化元素与现代表达手法相结合，这些动画作品在保持民族特色的同时，成功地与全球受众建立了文化连接和情感共鸣。

（五）数字技术拓展消费的广度和深度

对数字技术的发展与应用，已经深刻改变了人们获取和消费文化内容的方式，极大地降低了对文化产品的接触和享用的门槛。在这个过程中，教育背景、经济状况、地理位置等因素的制约逐渐减弱，使得优质文化资源的全球分配和享受成为可能。在数字时代，每个人均能成为文化的消费者，无需离家便可接触到世界各地的文化精粹。通过视频、音频等多种形式，人们每天都能以极低的成本，甚至免费享受到高清晰度、内容丰富多彩的全球文化遗产。这种文化消费方式的转变，不仅让人们的生活更加丰富多彩，也让历史文化遗产得以更广泛地融入现代人的日常生活和工作中。数字技术突破了传统的时空限制，人们可以跨越国界、语言和文化的差异，访问到其他国家和地区的文化资源。这种无障碍的文化交流和分享，增进了全球文化的互联互通，促进了不同文化间的相互理解和尊重。通过数字平台，文化遗产不仅被保护和传承，而且被赋予了新的生命，使之能够跨越时间和空间，被全球更广泛的受众所认识和欣赏。科技的进步还推动了文化产品创新，使文化遗产的展示和传播方式更加多样化和互动化。通过虚拟现实（VR）、增强现实（AR）等技术，人们能够以全新的视角和方式体验文化遗产，从而获得更加深刻和生动的文化体验。对这种技术的应用，不仅让人们在感官上获得前所未有的沉浸式体验，也有助于加深公众对文化遗产的认知和理解。

根据 2020 年和 2021 年《中国互联网络发展状况统计报告》，截至 2021 年 6 月，我国的手机网民数量已经达到了 10.07 亿人。这一庞大的数字不仅揭示了我国数字化程度的迅猛增长，也标志着数字文化消费在日常生活中占据了举足轻重的地位。短视频平台拥有 8.88 亿人的观众基础，直播平台用户规模为 6.38 亿人，而网络游戏用户也达到了 5.09 亿人。与此同时，2020 年 6 月的数据进一步展示了数字文化消费的广泛影响，网络视频、音频、短视频、音乐、直播、游戏、文学等领域的人均消费时长达到了每天 3.4 时 / 人。因此，利用数字平台，可以将历史文化名城丰富的文化资源数字化展示给全世界，无论是通过虚拟博物馆、在线展览，还是通过数字媒体艺术作品的传播，都为广大网民提供了前所未有的文化体验机会。这种无界限的文化传播不仅提升了文化产品的可达性，也促进了网民对文化多样性的认识。互联网时代的一个显著特征是"长尾效应"，即通过互联网，那些具有特定需求的消费者群体能够找到满足自己需求的产品，即使这些需求在传统市场中看似微不足道。这一现象为小众文化及高雅文化的传播提供了充足的土壤，让更多细分的文化产品找到它们的受众，滋养并支持了这一市场的多元化发展。

在这个以速度和效率为核心价值的时代，传统文化的深厚底蕴和慢节奏特性很容易被边缘化，甚至面临生存的危机。一是数字经济的兴起极大地拓宽了文化产品的传播渠道和受众范围，为传统文化的现代表达提供无限可能。然而，快速迭代的数字内容与传统文化积淀的深度和细腻形成了鲜明对比，导致在传统文化的数字化过程中，能够成功转型并充分利用数字技术优势的案例并不多见。二是科技与文化的融合应当是互补和促进的关系，其中深厚的文化内涵是根本，数字技术仅作为推广和表达的手段。但在现实中，部分文化产品在创作与技术应用上存在不匹配的情况，导致技术的外在表现形式虽然华丽，实则缺乏文化的深度和灵魂，成为了形式大于内容的"空壳"。对历史文化遗产的保护和传承，不仅是对过去的尊重，也是对未来的负责。通过活化利用历史文化遗产，可以让更多的人了解和认识中国悠久的历史和丰富的文化，从而增强全民族的文化自信。这种自信是推动社会主义文化繁荣发展的内在动力，也是构建社会主义核心价值体系的基础。

第三章 数字技术在河南历史文化名城保护中应用的理论基础

第一节 场域理论

一、场域的概念阐述及理论核心

法国社会学家皮埃尔·布尔迪厄以其独到的视角和深刻的见解，在社会学领域贡献了许多重要理论，其中"场域理论"便是其代表理论之一。布尔迪厄借鉴了物理学中"场"的概念，将其创新性地应用于社会学研究中，从而提出了一个全新的理论框架来分析社会结构和个体行为。他认为场域是一种特殊的社会空间，这里充满了客观的社会关系，它们以结构化的方式存在，并影响着场域内的行动和过程。具体到布尔迪厄的表述，他描述场域为一个由各种位置间客观关系构成的网络或构型。这样的定义不仅强调了社会空间的结构性特征，也突出了其动态性——场域内的关系和位置是不断变化和演化的。在布尔迪厄的场域理论中，"资本"和"惯习"是两个核心概念。资本，在布尔迪厄的理论框架中，并非仅指经济资本，还包括社会资本、文化资本和象征资本等多种形式。这些不同类型的资本在社会场域中发挥着至关重要的作用，不仅决定了个体在社会场域中的位置和能力，也是个体竞争和交换的基础。惯习，又称"习性"，是个体内化了的、对社会世界的无意识感知和行动方式。惯习既是社会实践的产物，又是个体行为和判断的指导原则，它深刻影响着个体如何在不同的场域中行动和互动。通过惯习，社会结构得以在个体层面上复现和持续，同时也使得社会秩序得以维持。布尔迪厄的场域理论为理解社会结构与个体实践之间的复杂关系提供了一个有力的分析工具，它揭示了社会空间不仅是物理存在，更是充满了力量和意义的结构化网络。在这个网络中，资本的分布和惯习的形式决定了个体的社会位置及他们之间的动力关系。

　　布尔迪厄的场域理论提出了一个非常独特而丰富的社会空间概念，强调场域不仅涵盖物质的实体要素，更广泛地包含了与这些物质要素紧密相关的、依托于使用主体的多种非物质要素。这种定义将场域塑造成一个充满人文特质的空间，其中既包含了物质的存在，也融入了文化、社会乃至个人层面的丰富内涵。在布尔迪厄看来，场域是一个复杂且不断变化的系统，它由众多相互作用的子场域构成。每一个主场域都可以被视为一个由多个不同子场域空间组合而成的整体，这些子场域之间存在着复杂的相互关系。这种结构不仅揭示了场域内部的多样性和复杂性，也反映了社会现实的层次性和多维度。主场域自身遵循一定的逻辑和规则，这些规则可能源自该场域内部的特定需求或功能。同时，主场域的运作也受到来自经济、文化、社会等多个维度的子场域的影响。每个子场域都拥有其独特的运行逻辑和规则体系，这些子场域既相互独立又紧密相连，通过一系列动态的交互作用，共同构成了一个更为复杂的社会结构（见图3-1）。这一观点为我们理解社会现象提供了新的视角，使人们能够看到社会结构的动态性和相互作用的复杂性。在这个框架下，不同的社会行为和实践可以被理解为是个体或集体在特定场域中，根据该场域的逻辑和规则进行的策略性行动。同时，这些行为和实践又会对场域的结构和运作逻辑产生影响，从而引发场域内部甚至是跨场域之间的变化和调整。布尔迪厄的场域理论不仅揭示了社会空间的复杂性，也强调了文化和权力在社会结构中的作用。通过对主场域与子场域之间关系的分析，我们可以深入探讨在不同的社会、文化和经济背景下，个体和集体如何通过不同的策略来维护或改变自己的社会位置，以及这些策略是如何受到广泛社会力量的影响和制约的。

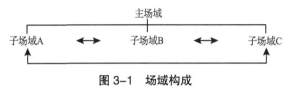

图3-1　场域构成

　　布尔迪厄提出了一个深刻的观点，即资本并非单一的概念，而是可以被分为经济资本、社会资本、文化资本和象征资本四大类。这一分类不仅丰富了人们对资本概念的理解，也为分析社会结构和个体行为提供了一个新的视角。经济资本，最为人所熟知，主要指的是金钱和物质资源，它在社会交往中起着至关重要的作用。社会资本则指个人或群体通过社会网络、关系和认同所获得的资源。文化资本涉及教育、知识、技能及其他文化商品，它可以是个体的内在素质，也可以是外在的教育程度或文化认同。象征资本则是指通过其他形式资本转化而来，能够给个体或集体带来荣誉、认可的一种形式资本。布尔迪厄强调，个体在特定场域中的位置及他们对这些不同类型资本的掌握程度，决定了他们在社会空间中的地位和权力。因此，通过研究行为主体在场域中的地位及其对资本的占有方式和使用手段，可以揭示场域内部的运行逻辑和网络构型。不同类型的资本在不同场域中的运作逻辑存在差异，导致场域之间具有独特的性质和规则[1]。例如，教育领域中的主导资本可能是文化资本，而在商业领域，则主要是经济资本。这种资本的多样性和特定场域中资本类型的主导性，决定了社会空间的复杂性和多样性。通过对不同类型资本的研究，可以揭示行为主体之间的社会关系，进而分析不同场域的内在运行逻辑[2]。通过探究个体如何通过社会资本建立网络，以及如何利用这些网络获得更多的经济或文化资本，这样可以更好地理解社会互动和权力结构的形成。

布尔迪厄将惯习的概念引入社会学领域，借此探索个体行为与社会结构之间的复杂关系。惯习，这一概念的源起可以追溯至亚里士多德的《尼各马可伦理学》，在布尔迪厄的理论体系中，它被赋予了新的内涵，成为了解个体如何在社会中定位自己，以及如何通过后天的社会化过程形成特定的思维和行为模式的关键[3]。根据布尔迪厄的理解，惯习是个体在特定社会场域中，受到外部社会因素长期影响并最终内化的结果。这一概念涵盖了人的思维方式、行动方式及生活方式等多个维度，它不仅是个体习得的社会行为模式，更是一种深植于个体内部的、对社会环境的无意识响应和适应。这种内化的过程意味着个体的惯习与其所处的社会环境紧密相关，反映了特定社会结构和文化价值的影响。个体与其所在的场域空间之间通过惯习建立起一种深层的联系。个体在社会实践中形成并不断重塑其惯习，同时，这些惯习也在不断地对个体在场域中的行为产生影响。换言之，惯习既是个体社会化的产物，也是其社会行为的驱动力，成为个体在特定社

① 陆路，王鑫，武联，等.城市景观设计的影响因素分析 [J].建筑科学与工程学报，2004（4）：14-18+22.

② 吴婉儿，黄春晓."自下而上"混合居住的老城社区社会空间特征研究——以苏州古城社区为例 [J].建筑与文化，2020（7）：78-82.

③ 李楠.习性：布尔迪厄实践理论路标 [D].北京：北京外国语大学博士学位论文，2014.

会场域中导向行为的内在机制。当探讨文化遗产的保护时，布尔迪厄的场域概念提供了一种全新的视角。场域不再仅仅是一个抽象的社会概念，而是一个由文化、社会、经济等多种要素共同构成的整体环境。在这样的环境中，文化遗产不仅是物质文化的体现，更是历史、文化和社会价值观的载体。因此，文化遗产保护的实践并非简单的物质保存，而是需要在理解和尊重特定社会场域的基础上，考虑个体和群体的惯习，以及这些惯习如何在特定的社会环境中形成和演变。

自布尔迪厄提出场域理论以来，其核心元素——场域、资本、惯习——已经成为跨学科研究的重要工具，特别是在分析各种社会结构和个体之间互动的运行逻辑方面（见图3-2）。尽管这套理论框架在社会学领域得到了广泛应用和发展，但在空间层面的应用却相对较少。场域理论的空间化概念为其在空间分析领域的应用提供了理论基础，特别是在文化遗产保护这一具体实践领域，有望为遗产保护工作带来新的视角和方法。场域理论在空间分析中的应用，尤其是与文化遗产的整体保护结合起来，意味着将文化遗产保护从单纯的对物质或非物质文化遗产的保存，扩展到对遗产所处的社会、文化、经济环境的全面考量。这种方法不仅考虑到文化遗产自身的价值，也重视其在特定社会空间中的意义和作用，从而更加注重遗产与当代社会的连接和互动。将场域理论应用于文化遗产保护，意味着要深入分析文化遗产所处的"场域"，包括遗产与其周边社区的互动、遗产在当地社会经济结构中的地位、遗产对当地文化认同的影响等。通过这样的分析，可以揭示文化遗产保护不仅要保存其物质形态，更要维持和促进其在社会空间中的活跃角色。

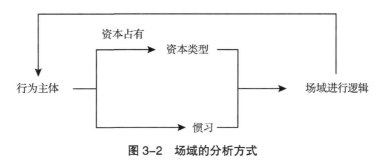

图3-2 场域的分析方式

二、场域理论的空间性及关系性

在布尔迪厄的场域理论中，场域不仅是一个抽象的社会结构概念，而且被视为一种具有空间性质的社会空间，其中涉及的使用主体——个体和集体——既是场域的构建者，也是由场域塑造的参与者。这种相互作用关系突出了场域理论中的一个核心观点：场域内的行为主体通过他们的行为和互动不仅构建和维持场域，同时也受到场域结构的影响，形成特定的"惯习"。这些惯习随后会反作用于场域，进一步影响场域的结构和意义。戴维·斯沃茨将场域描述为一个"空间隐喻"，这一观点进一步强调了场域理论中的空间性。场域被视为一个充满人文特性的空间，这不仅是因为它由人的活动和社会关系构成，而且因为它蕴含了人类活动的意义和价值。在这个意义上，场域区别于纯粹的物理空间，因为它是由资本的转化、使用主体的行为及惯习的形成等社会动力学塑造和定义的。资本之间的转化、使用主体的行为及惯习的形成都是在特定的场域空间内进行的。这个过程不仅是抽象的社会结构交互，也是在具体空间中发生的具体活动。例如，一个艺术家在艺术场域内的创作活动，不仅受到该场域内资本（如文化资本、社会资本）转化规则的影响，也会通过其作品和展览实践反作用于艺术场域，进而影响场域内的资本分布和权力关系。这种活动使得场域不仅是物理空间的集合，而且是一种充满人文意义和社会价值的空间。场域的人文化特性源自于它作为社会行为和互动的场所这一属性，通过在这个空间内的活动，使用主体不仅构建自己的社会身份和地位，也参与到更广泛的社会文化意义的创造和传播中。这种通过社会互动和行为在特定空间内创造意义的过程，使得场域成为研究社会结构和文化现象的关键概念。

布尔迪厄的场域理论提出了一个复杂的社会结构观，强调了在任何给定的空间内，相关主体的行为和互动不能仅仅通过研究对象的内在特征来解释。他提出的概念指出，主场域并非一个孤立的实体，而是由多个层次、不同功能的子场域构成的复合结构。这些子场域之间既相互独立，又通过一系列客观的联系方式紧密相连，形成了一个复杂的互动网络，推动着整个场的发展和变化。这种关联机制的存在，意味着在场域理论中，场域的内部结构和动力不是静态的，而是一个动态发展的过程。每个子场域都具有自己独特的运行逻辑和规则，但同时这些子场域又通过一系列客观关系与其他子场域连接，共同构成了主场域的整体结构。这样的结构允许场域内的资本、权力和资源在不同子场域间流动，从而影响场域内部的权力结构和行为主体的策略选择。场域的边界同样是布尔迪厄理论中一个重要的概念，在布尔迪厄看来，场域的边界并非是一个固定不变的界线，而是由场域内部的关系网络和作用机制所确定。边界的位置标示了场域影响力的范围，它在一定程度上定义了场域的外部界限和内部结构的外延。场域边界的确定和变化，是由场域内部的动力学和外部场域的互动共同作用的结果，这使得场域的结构和边界具有相对的灵活性和开放性。通过这样的视角，布尔迪厄的场域理论为理解社会结构的复杂性提供了一个有力的分析框架。场域之间的相互独立与联系，不仅揭示了社会空间的层次性和动态性，也强调了社会行动的相对性和条件性。在这个框架下，社会行为不仅受到个体内在特性的影响，更重要的是受到其所处场域的结构、规则及与其他场域的关系的塑造。

由此可见，场域理论作为布尔迪厄的社会学核心理论之一，提供了一种深刻的视角来分析和理解社会结构及其内在的运行机制。这一理论的应用不仅限于社会学研究，它同样具有在空间分析领域发挥重要作用的潜力。通过将场域理论应用于空间分析，研究者可以深入探讨特定空间的发展历程、形成原因及其对社会成员行为的影响机制，从而为理解和解决空间规划、城市发展和文化遗产保护等问题提供新的思路和方法。在场域理论中，资本的概念被广泛地用来解释个体和群体在社会结构中的位置和影响力。资本不仅包括经济资本，还包括社会资本、文化资本和象征资本等多种形式。这些资本形式在空间分析中的应用，可以帮助研究者识别和理解空间形成和发展过程中的关键因素。例如，一个地区的文化资本丰富可能促进艺术和教育场所的集聚，从而形成了具有特定文化氛围的空间。同样，社会资本网络也可能影响空间的社会结构和功能分布，如社区中心和公共聚集地的形成。通过场域理论的视角，空间不仅是物理的存在，更是资本互动和社会关系的产物。空间的形成和发展是由多种资本共同作用的结果，这些资本通过影响使用主体的行为和互动，进而影响空间的性质和功能。例如，经济资本的聚集可能推动商业区的形成和发展，而象征资本如历史地位和文化认同则可能影响对空间的保护和利用方式。在进行空间分析时，运用场域理论考虑资本的作用，不仅可以揭示空间形成的经济和社会背景，还可以理解空间如何反作用于社会结构和个体行为。这种分析方法强调了空间与社会互动的双向性，即空间既是社会关系的产物，又是影响社会行为和互动的因素。

三、遗产整体性阐释

从 1964 年《威尼斯宪章》的制定到 2005 年《维也纳备忘录》的发布，文化遗产保护的国际理念和实践经历了一系列重要的发展和转变。这一历程不仅见证了"完整性"概念在文化遗产保护中地位的确立和演进，而且反映了保护范围从单个遗产向整体环境转变的趋势。在《威尼斯宪章》中，文化遗产"完整性"的概念首次被提出，标志着对古迹遗址的保护不仅要关注其物质完整性，还要考虑其所处环境的影响。这一点凸显了古迹与其环境之间不可分割的关系，以及环境在古迹保护中的重要性。这种观念的提出为后续文化遗产保护工作的理念和实践奠定了基础。随后，《关于历史地区的保护及其当代作用的建议》进一步扩展了文化遗产保护的视野，明确指出对历史地区及其周边环境的保护对社会、经济等方面具有重要价值。这一建议不仅强调了保护对象的范围从单一建筑扩展至整个历史地区，而且指出历史地区保护的价值不仅局限于文化方面，还包括社会和经济层面。1987 年的《保护历史城镇与城区宪章》，保护理念进一步明确，对历史城镇和城区的保护制定了更为详细的方法，并强调要保存遗产的所有特征，无论是物质的还是精神的。这表明了对文化遗产保护理念的深化，即保护工作应当全面考虑遗产的多方面价值，确保其历史特性和文化内涵的完整性。进入 21 世纪，《实施〈世界遗产公约〉操作指南》和《维也纳备忘录》进一步扩展了文化遗产保护的理念。《实施〈世界遗产公约〉操作指南》中提出在将自然遗产和文化遗产列入《世界遗产名录》时，需要检验其真实性和完整性，制定相应的保护准则。《维也纳备忘录》则提出历史性城市景观的保护范围应该超越传统的"历史中心""环境"等概念，强调遗产与其地理环境之间的实体、功能、联想等方面的关系，以及对整体效果的保护。

在第 15 届国际古迹遗址理事会上通过的《西安宣言》中，对文化遗产保护的理念进行了重要补充和深化，特别是对"周边环境"的理解和描述。在之前的国际章程中，虽然已经认识到"周边环境"的保护重要性，并提出通过建立缓冲区的方式进行保护，但《西安宣言》对此进行了更为详细的阐述，显著扩展了文化遗产保护的视野。《西安宣言》不仅包括了遗产视觉方面的内容，也深入到遗产与自然环境之间的关系、历史进程中的实践活动和精神实践、当前活跃的经济和文化等周边环境空间，将这些因素视为文化遗产不可分割的部分。这一全面的描述意味着对文化遗产的保护不再局限于遗产本体，而是延伸到了其所处的环境，包括遗产的视觉感受、生态系统、历史和文化背景、遗产与社会经济活动的互动等方面。《西安宣言》中的这种关联是基于认识到文化遗产的重要性和独特性不仅来自于遗产本身，还来自于遗产与周边环境之间的相互作用和影响。这种相互作用是一个动态的过程，随着时间的推移，遗产及其周边环境会经历持续的变化，这些变化反映了社会、历史、艺术、科学等多方面的发展和演变。将文化遗产保护的范围扩大到包括其周边环境，意味着在进行文化遗产保护工作时，需要综合考虑遗产所处的自然生态条件、社会文化背景、经济发展状况等因素，以及这些因素如何影响和塑造遗产的价值和意义。这要求文化遗产保护工作不仅要注重对物质文化的保存，也要关注对非物质文化遗产的传承，以及遗产与当代社会的联系。

从《威尼斯宪章》到《西安宣言》的历程，体现了文化遗产及其"周边环境"保护观念的逐渐深化与拓展。这一发展过程不仅见证了对遗产保护概念的逐步完善，也映射了国际社会对文化遗产整体性保护认知的持续进步。《威尼斯宪章》作为文化遗产保护的里程碑，首次明确提出了遗产"完整性"的概念，并将其与遗产周边环境的保护紧密联系起来。最初，遗产完整性的关注点主要集中在物质保护上，特别是通过划定周边环境的缓冲区来保障文化遗产的安全。这一阶段，对周边环境的保护主要被视为避免外部干扰和破坏的手段，对遗产本身的保护思路相对单一。随着时间的推移，对"周边环境"的理解和认知逐渐扩展，人们开始意识到遗产与其周边环境之间存在着密不可分的联系。周边环境不仅包含遗产的视觉背景，还涵盖遗产与自然环境之间的关系、历史进程中的实践活动、当前经济和文化等多方面的空间环境。《西安宣言》的提出，标志着文化遗产保护的范围正式从单一的物质遗产扩大到包含其所处的整体环境，强调了遗产与周边环境之间复杂的社会、历史、艺术和科学联系。对这种关联的认识是多方面因素作用和长期变化的结果，要求保护策略不仅要关注遗产本体的完整性，还要考虑遗产与其环境之间的整体性保护。随着保护范围的扩展，保护方法也变得更为多样化，包括但不限于立法保护、物理保护、视觉景观保护及社区参与等，目的是通过科学合理的手段维持遗产及其环境的和谐共存。

随着时间的推移和研究者的不懈努力，其应用范围逐渐扩展到建筑学、地理学等领域。这种跨领域的应用不仅展现了场域理论的灵活性和广泛性，也体现了其深刻的分析能力。场域理论提供了一个独特的视角来分析和理解社会结构及其运作机制。场域被定义为一个结构化的空间，其中充满了客观存在的社会关系。这些关系不是随意形成的，而是由场域内的资本推动和维持的。资本在此理论框架中不仅仅是经济意义上的资源，还包括社会资本、文化资本和象征资本等多种形态，它们在不同场域中以不同的方式发挥作用。这种特点令场域理论在遗产整体保护的运用中具有以下优势：

文化遗产群及其周边环境的整体保护是一个复杂而深刻的议题，涉及的不仅仅是单个遗产项目的保存，还包括这些遗产所处的环境和空间。场域理论，作为一种分析社会结构和人文精神空间的理论工具，为理解和实施文化遗产的整体保护提供了一个独特的视角。这种理论框架认为，遗产及其周边环境共同构成了一个富有历史意义的文化空间，这个空间不仅仅是物理的，更是充满了各种社会、文化关系的场域。将文化遗产群及其周边环境视作一个整体的物质化文化空间，即本体场域，与之紧密相关的周边环境构成了环境场域，这样的划分有助于更系统、全面地进行遗产保护。本体场域关注遗产自身的物理存在和历史价值，而环境场域则扩展到遗产与其所处环境之间的关系，包括自然环境、社会文化背景及遗产如何在这个更广泛的环境中发挥作用。利用场域理论对文化遗产群进行整体保护的研究，不仅符合理论本身对人文特性和空间特性的重视，而且有助于促进从传统的遗产本体保护向更为宽泛的整体空间保护的转变。这种转变意味着保护工作不再局限于遗产物质本身，而是扩展到保护遗产在历史和文化上的连续性，维护遗产与其周边环境之间的和谐关系。

在应用场域理论分析文化遗产群的整体保护时，广大学者不仅关注遗产本身构成的本体场域，也同样重视由周边环境构成的环境场域。这两种场域在整体保护的分析过程中是互为补充的，它们共同构成了遗产的主场域，即遗产及其周边环境的总体空间。通过深入探索本体场域与环境场域之间的互动关系，以及它们在主场域中的作用，我们能够获得对文化遗产整体更为全面的理解。利用场域理论进行的分析不仅限于识别文化遗产空间的结构，更重要的是，通过运用"资本"和"惯习"等核心概念，深入剖析场域内部的运行机制。在这个过程中，分析的重点包括使用主体与子场域之间、不同子场域之间及子场域与主场域之间的相互作用和关系。这些关系体现了场域之间的复杂多样性，揭示了文化遗产的产生、发展和保护过程中受到的各种社会、经济和文化资本的影响。通过对这种关联性特征的综合分析，可以揭示在文化遗产产生和发展过程中的关键影响因素，这些因素正是场域理论中所强调的"资本"。不同类型的资本，在文化遗产群及其环境的形成和保护中发挥着不同的作用，它们相互影响、相互转化，共同推动遗产空间的整体发展。

《西安宣言》对文化遗产的整体保护提供了重要的指导原则，强调了遗产本体、周边环境及它们之间关联机制的保护。根据这一理念，可以将历史文化名城及其周边环境视为一个整体的保护对象，进而空间化这些元素，将它们分别视作遗产本体空间和周边环境空间。在这个框架下，某个遗产地构成了一个遗产主场域，由遗产本体子场域和环境子场域共同构成。这种划分不仅强调了遗产本体和周边环境的空间特征，也揭示了它们之间存在的深刻关联性。场域理论在此过程中发挥着核心的分析作用，它使广大学者能够深入探讨遗产及其周边环境之间的关系，以及这些关系背后的驱动力——"资本"。通过对遗产产生和发展中涉及的各种资本形式进行深入分析，可以揭示历史文化名城及其周边环境之间的复杂关联机制及这种关联性的形成因素（见图3-3）。这样的分析不仅有助于理解某个文化遗产群的历史发展过程，也为其整体保护提供了深层次的洞察。通过识别和理解影响文化遗产群及其周边环境相互作用的资本，有关研究人员能够更有效地制定保护策略，旨在不仅保护遗产本体的物质和精神价值，也维护其周边环境的完整性，保持遗产与环境之间的和谐共生。

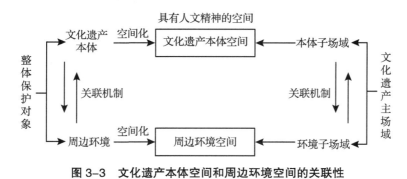

图3-3　文化遗产本体空间和周边环境空间的关联性

第二节　可持续发展理论

一、可持续发展理论的形成背景

可持续发展理论的根源可以追溯到两百多年前，随着第一次工业革命的到来，人类社会开始迅速步入蒸汽时代，标志着工业化进程的启动。随着第二次工业革命的到来，人类进入了电气时代，而第三次工业革命则带领社会进入了信息时代。这一系列工业革命，特别是从第一次工业革命开始，人类社会的生产力和社会结构经历了质的飞跃和根本性的变革。工业革命虽然极大地推动了人类社会的经济发展，提高了生产效率，但同时也对自然环境和生态系统带来了前所未有的压力和破坏。随着工业化进程的加速，大量的化石燃料如石油、天然气和煤炭被大规模消耗，导致这些资源的储备量急剧下降。工业活动和大机器的广泛使用，以及工厂数量的增加，使二氧化碳等温室气体排放量显著上升，进而加剧了全球变暖和气候变化问题。此外，环境的持续恶化、生态系统的破坏及动物种类的减少，都反映了生态循环遭受到了严重的破坏。

二、可持续发展理论的发展

面临工业革命带来的资源枯竭和生态环境恶化这一巨大挑战，人类开始认识到，采取行动对抗这些威胁刻不容缓。可持续发展这一概念首次出现在 1980 年的《世界自然资源保护大纲》中，并在 1987 年的《我们共同的未来》报告中被正式提出。该报告由世界环境与发展委员会发布，明确了可持续发展的定义，即发展应该满足当代人的需求，而不损害后代人满足自己需求的能力。1992 年 6 月，随着《21 世纪议程》在世界环境与发展会议上的通过，可持续发展的概念获得了国际社会的广泛认同，这一行动议程为全球环境保护和可持续发展规划了明确的蓝图。随后，我国也积极响应可持续发展的国际倡议，1994 年国务院决议通过《中国 21 世纪议程》，并将可持续发展战略纳入国家发展计划之中。1995 年，党中央进一步将可持续发展确立为中国发展的基本战略，这标志着中国在可持续发展道路上迈出了坚实的步伐。1997 年党的十五大进一步强调，实施可持续发展战略是关系中华民族生存和发展的长远大计。这一战略方针不仅体现了我国对环境保护和资源合理利用的重视，也展示了我国在促进经济社会发展与自然环境和谐共生方面的决心和行动。

自 20 世纪 90 年代以来，"在可持续范围内发展"的口号逐渐在全球范围内广泛传播，这一口号的普及标志着可持续发展理念已深入人心，并被各个领域作为发展的指导原则。尽管不同领域在可持续发展的研究重点和实践措施上可能存在差异，但它们对于可持续发展的基本理解和追求的目标却是一致的。这种共识基于一个核心原则：在确保当代人利益的同时，不对后代人满足自己需求的能力造成损害。可持续发展的目标涵盖了资源的持续可用、生态系统的良性循环、经济的稳定增长、社会的和谐发展及文化的有效传承等多个方面。这不仅是一个环境保护的问题，更是一个涉及经济、社会、文化全面发展的综合性议题。实现这一目标，意味着必须建立一个健康可持续的发展机制，确保人类活动不会超出地球生态系统的承载能力，同时促进经济和社会的持续进步，保护文化多样性。在实践层面，需要从多个维度入手，如推动绿色经济、促进能源和资源的高效利用、保护生物多样性、应对气候变化、提高社会公平性与包容性等。同时，还需通过教育和文化传播，提高公众对可持续发展重要性的认识，形成全社会参与的良好氛围。

三、可持续发展的内涵

（一）资源的可持续

自工业革命以来，世界经济的迅猛增长带来了前所未有的繁荣，但这种增长在很大程度上是以牺牲自然资源为代价的。这种"高投入、高消耗、高排放、难循环、低效率"的资源开发利用模式，使得人类社会付出了沉重的环境代价。工业活动产生的各种污染和生态破坏问题日益严重，从工业污水直接排放到河流中造成的水体污染，到工业废弃物的填埋导致的土地污染；从无节制的矿产资源开采造成的地面下陷和地质结构改变，到海洋资源过度开发导致的海洋生态系统破坏[①]；再到工厂废气、汽车尾气等造成的空气污染和对人体健康的严重威胁，这些问题都凸显了当前发展模式的不可持续性。面对这一严峻形势，提出并实践资源经济的可持续发展成为当务之急。可持续发展旨在寻求一种新的发展模式，即在保证经济增长的同时，充分考虑到环境保护、资源保护和生态平衡的需要。这意味着必须转变传统的发展观念和生产方式，采用更为环保、高效和可循环的资源利用方法，以确保自然资源的永续利用，并维护人与自然的和谐共处。

（二）生态系统的良性循环

环境与生物之间相互作用、相互制约，形成了一个相对稳定的生态平衡状态。生态系统的良性循环是指其能够持续地维持这种稳定状态，这依赖于生态系统内

---

① 范碧青.山西省晋城市传统村落可持续发展模式探析——以陵川县浙水村为例［D］.太原：太原理工大学硕士学位论文，2018.

部的自我调节机制和外部条件的适宜配合。然而，随着人类活动的加剧，尤其是自然资源的过度消耗，生态系统的平衡受到了严重威胁。资源的过量开发和使用，特别是化石燃料如煤炭、石油和天然气的燃烧，不仅消耗了地球上宝贵的自然资源，还产生了大量的污染物，如烟尘、二氧化碳和二氧化硫等。这些污染物的排放大大超过了生态系统自我净化的能力，导致大气污染、酸雨、温室效应及臭氧层破坏等一系列环境问题，破坏了大气生态系统的平衡，形成了恶性循环。生态系统的破坏不仅影响人类的生产生活环境，还威胁到地球生物多样性和生态安全。生态系统的原有生态链崩塌，意味着生物种类的减少乃至灭绝、生态功能的丧失，以及人类生存环境的恶化。值得庆幸的是，大自然的生态系统具有一定的自我调节和修复能力，加之人类能够合理利用资源，减少污染物排放，不破坏生态系统的原有调节机制，就有可能恢复和保持生态系统的良性运行。这就要求人类必须转变发展观念，采取可持续的生产和生活方式，以减轻对生态系统的压力。

（三）经济的稳步增长

工业革命前，全球经济收入差距并不显著。然而，随着英国、法国、美国等国家最先启动工业革命，世界经济格局开始发生了根本性变化。第一次工业革命期间，英国成为世界工厂，标志着现代工业和企业体系的形成。这一时期，资本主义国家主要通过商品输出推动经济发展，而非工业化国家，包括亚洲、非洲、拉丁美洲的国家，开始面临与欧美国家日益扩大的贫富差距。此外，为了寻求更多的资源和市场，欧美国家加速了对外殖民扩张的步伐。进入第二次工业革命，经济重心由英国转向美国，同时经济模式也由商品输出转变为资本输出，并出现了垄断现象。在这个阶段，资本主义国家掀起了一场瓜分世界的狂潮，形成了以欧美为资本输出中心，亚非拉国家成为廉价劳动力和资源提供地的全球经济格局[1]。随着第三次工业革命的到来，日本崛起为世界第二大经济体，中国实施改革开放并建立社会主义市场经济体制，韩国则大力发展高新技术产业，实现经济的快速增长。这一时期，世界各国经济均实现了飞跃式的增长，但这种增长模式大多是粗放型的，依赖于低成本的劳动力和自然资源，导致了高成本、高投资而产品质量并不高的局面。这也意味着经济的可持续发展要求转变这种粗放型增长方式，向集约型增长方式转变。在保持经济增长的同时，必须充分考虑环境保护、资源有效利用和社会发展的和谐。可持续

---

① 范碧青.山西省晋城市传统村落可持续发展模式探析——以陵川县浙水村为例［D］.太原：太原理工大学硕士学位论文，2018.

发展不仅需要科技创新和提高资源利用效率，还要求公平合理地分配经济成果，确保社会稳定和进步，以及文化的有效传承。

（四）社会环境的稳定

在可持续发展的背景下，社会环境的稳定成为了全球性的关注点，尤其是农村地区的社会稳定和发展问题。以人为本的讨论框架，强调了人在社会结构中的中心地位，正是基于这种理解，我们才能更好地探讨如何实现社会环境的可持续稳定发展。随着经济的快速发展和城市化进程的加速，越来越多的农村人口选择离开家乡，前往大城市寻求更好的生活和工作机会。这一现象导致了农村地区出现"空心村"和"老年村"的问题，农村社区开始丧失其传统的活力和生机。针对这一现状，学者进行了广泛的研究和探讨，试图为农村地区的发展提供解决方案。然而，传统的、单一模式的村落发展策略已被证明是不足以应对当前农村社会环境挑战的。要实现农村社会环境的可持续发展，关键在于从村民的需求出发，重视人的价值和需求。

（五）文化有效传承

在中国这样一个历史悠久的国家，"百里不同风，千里不同俗"不仅描绘了地域文化的多样性，也反映了传统文化的丰富和深厚。传统文化是在长期的历史发展中形成的，它在一定的时间和空间范围内展现了特定社会的主导观念、制度、理论甚至信仰。传统村落，作为中华民族千百年来优秀传统文化的重要载体，孕育了深厚的文化内涵和历史价值。在传承传统文化的过程中，理解"传"与"承"的含义至关重要。"传"意味着文化的记录和延续，是文化从一代传至另一代的过程，保证了文化的连续性和长久性。"承"则强调在批判性继承的基础上对传统文化进行创新发展，即在尊重和保护原有文化的同时，进行合理的筛选和改进，以适应时代的发展需要。有效传承传统文化，对于中华民族而言，意味着能够将文化精华永续传承，同时去除其中不合时宜的部分。这一过程不仅要求对传统文化有深刻的理解和认识，还要求有勇于创新和改革的精神。通过这种方式，可以使传统文化在现代社会中焕发新的活力，与现代社会的新精神和新思路相融合，从而构建出一种既具有传统特色又适应现代化发展的新型乡土文化。在这个过程中，特别是对于传统村落的保护和发展，意味着要在保护传统建筑风貌、乡土风情的基础上，探索符合现代生活需求的发展道路。例如，通过发展乡村旅游、传统手工艺品的复兴等方式，既保留了传统文化的精髓，又为村落经济的可持续发展提供了新的动力。

第三节　人居环境科学理论

一、规划设计目标

人居环境科学的研究核心在于创造一个既可持续又宜居的生活空间，随着社会的进步和科技的发展，未来的发展趋势正朝向融合科学、人文、艺术的广阔领域。这一新趋势的核心是以人为本，紧密关注民生，致力于打造一个能够保障人们基本生活需求，同时又让大众拥有更高满足感和幸福感的居住环境。在实现这一目标的过程中，对空间战略规划的重视日益增加，我们需要重新审视和思考新的发展模式。这不仅是将零散的建设活动整合至一个高度战略化的思维框架中，更是要通过全面的规划，使得人居环境的建设与社会经济的发展相互协调，形成一种全新的生活空间构建模式。推动人居环境的绿色革命，意味着广大城市规划人员的努力不应仅限于建造绿色建筑或是对生态环境的修复，更重要的是通过技术创新减少污染排放，从根本上改善人居环境。这一目标的实现，将促进人类居住环境的可持续发展，同时带动经济的复苏和内需的扩大，实现改善民生的综合战略目标。统筹城乡发展，完善我国的城镇化进程，成为了实现美好人居环境的又一重要战略方向。通过促进城乡协调发展，既能够为城市提供更多的绿色空间和高质量的居住环境，也能够促进农村地区的现代化，减少城乡之间的发展差距。这种城乡统筹的发展策略，旨在创造一个既有利于经济增长，又能够保障社会公平和环境可持续的新型发展模式。

二、规划设计方法

对人居环境科学的研究为规划设计提供了宝贵的启示，强调了在面对复杂的环境规划与设计问题时，需要采用跨学科及整体性、系统性的思维方式。这种思维方式要求我们不仅仅关注单一的问题或目标，而是要从宏观的角度，综合考虑人居环境中各种因素和内容的相互作用和影响，从而确定一个综合性的近期行动纲领和研究课题，最终得出初步的结论和方案。在具体操作上，面对人居环境所呈现的多方面和复杂性，需要通过矛盾分解的方法，识别并抓住主要矛盾，将复杂的内容和过程简化为几个关键方面，这有助于更加有针对性和有效率地解决问题。人居环境科学提出的基本研究框架涵盖了生态、经济、技术、社会、文化艺术五大纲领，这五大系统包括自然系统、人系统、社会系统、居住系统、支撑网络系统，在研究过程中可以根据具体情况选择重点内容，确保研究的全面性和深入性，同时，五大层次的研究方法要求人们在解决具体问题时，应该将重点放在某个特定的层面上，同时注意到不同层面之间的承上启下的相互关系。这种层次化的研究方法有助于深化对问题的理解，促进有效的问题解决策略的形成，由此也形成了人居环境科学理论的基本研究框架，具体如图3-4所示。

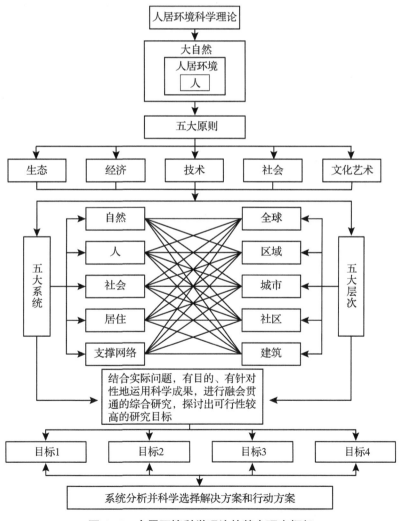

图 3-4　人居环境科学理论的基本研究框架

在探讨人居环境科学对规划设计的启示时，综合生态、经济、技术、社会、文化艺术等多维度的考量显得尤为重要。基于对五大系统（自然系统、人系统、社会系统、居住系统、支撑网络系统）的详尽调研，提出的解决方案旨在全面应对人居环境面临的挑战。通过精准的问题定位和策略制定，规划设计的三大策略即营造人文社区、宜居社区、活力社区被研究者提出来，每个策略都着重于提升人居环境的质量和居民的生活体验。营造人文社区的策略强调对历史文化的保护与活化，通过挖掘历史文化价值，不仅重现街区文化特色，而且在空间布局上延续街巷文脉，保护街区肌理；还可以利用名人效应引导人流，重构街区特色，同时尊重和保留地区多样协调的建筑风貌，确保地域特色和生活方式的延续。营造宜居社区着眼于提升居民生活的便利性和舒适性，完善的道路交通和市政基础设施，充足的服务设施配套，尤其是为老人和儿童设计的活动场地，都是构建宜居社区的关键。提高公共空间的利用率和绿化，不仅提升了社区的服务品质，而且通过增加街区的绿化率，打造出具有功能性的公共空间网络，提升了街区的宜居性[1]。营造活力社区旨在提高社区内的经济活力和社会活跃度，通过引入新的业态和功能，如旅游、教育、商务和休闲等，吸引更多人流，形成混合街区，从而为社区带来活力。此外，通过空间的重新规划和设计，如对违章建筑的拆除和对院落及巷道空间的恢复，可以形成丰富的空间层次，进一步增强社区的吸引力。通过将片区划分为不同的功能区域，不仅能够满足当前居民的需求，也为社区的长远发展留出了空间。这种具有综合性和前瞻性的规划设计方法，体现了人居环境科学在实践中的应用价值，强调了在保障社区发展的同时，必须考虑生态保护、经济增长、技术创新、社会和谐及文化传承等多方面的因素，确保人居环境的可持续发展。打造人文城市和宜居城市的框架如图 3-5 所示。

三、规划设计内容

在人居环境科学的指导下，对街区进行的全面调研揭示了历史文化名城内部发展的多维度问题及其解决策略。这种综合性的分析，遵循了人居环境科学五大系统：自然系统、支撑网络系统、居住系统、社会系统及人系统，为规划设计

---

① 罗妮.基于人居环境科学理论的长沙文昌阁老旧街区规划设计实践［D］.长沙：湖南师范大学硕士学位论文，2021.

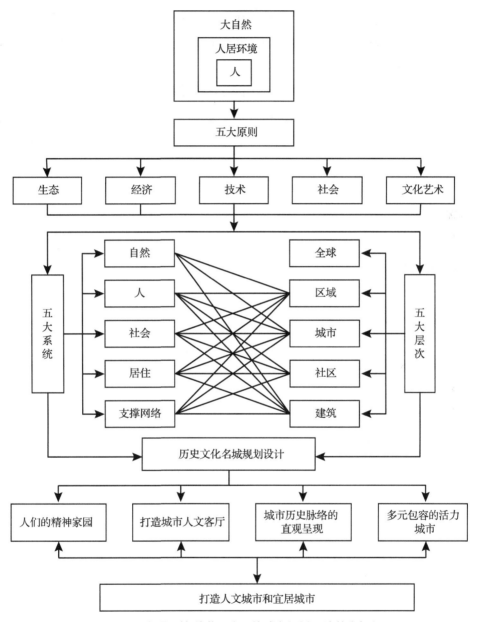

图 3-5 人居环境科学理论下的城市规划设计基本框架

提供了全面的视角和深入的见解。在自然系统方面，通过对街区的地理位置和空间布局进行生态性分析，强调了保护生态格局的重要性。这意味着在未来的规划和设计中，必须注重对生态的保护和自然环境的恢复，保证街区发展与自然环境的和谐共生。在支撑网络系统方面，通过深入分析社区的道路交通、市政基础设施和社区设施等问题，提出了补充和强化支撑系统的具体方案。这包括优化交通网络、改善基础设施建设，以及增加社区服务设施，以支持社区的可持续发展和居民的便利生活。针对居住系统，分析了住宅、公共空间和景观绿化等方面的现状，提出了提升居住系统质量的方案。这包括优化住宅设计、改善公共空间利用效率及增加绿化面积，旨在创建一个舒适、美观、宜居的居住环境。在社会系统方面，通过对人口趋势、社区内的社群关系、文化底蕴和历史脉络及产业发展等方面的分析，指出了完善社会系统的必要性。这要求加强社区治理、促进社区文化和历史的保护与传承，以及鼓励产业发展和创新，以增强社区的社会活力和经济实力。在人系统方面，强调了增强居民的认同感和归属感的重要性。通过充分发挥党建引领的社区优势，鼓励社区居民积极参与社区发展，深入挖掘和传播社区文化，增强居民的文化自豪感，从而构建一个和谐、有凝聚力的社区文化环境。

第四章　数字技术在河南历史文化名城保护中应用的原则分析

第一节　资源多元整合与协同效应原则

一、跨领域资源整合

在河南历史名城数字化保护过程中，跨领域资源整合的一个体现在于不同领域之间资源共享与信息交流的加强，在历史文化名城保护的过程中，需要借助多种资源和专业知识，包括但不限于历史学、考古学、建筑学、城市规划等领域的专业知识及相应的技术支持。通过建立有效的信息交流和资源共享机制，如建立跨部门协作平台，可以促进不同领域专家和相关部门之间的沟通协作，集合各方智慧和力量，为文化遗产保护提供更加全面和深入的支持。

在跨领域资源整合过程中，各领域间的策略协调和规划融合也至关重要。文化遗产保护工作需要与城市发展规划、旅游发展战略及社会教育计划等相互协调，确保在保护文化遗产的同时，也能够促进当地经济和社会的可持续发展。例如，将文化遗产保护纳入城市总体发展规划中，确保在城市扩张和现代化进程中，能够妥善处理好历史与现代、保护与发展的关系，实现文化遗产的有机更新和活化利用。数字技术在历史文化名城保护中发挥着日益重要的作用，包括三维建模、虚拟现实、数字档案等技术的应用。通过跨领域合作，可以将这些先进技术与文化遗产保护相结合，不仅提高了保护工作的效率和精准度，也为公众提供了全新的文化体验方式。此外，还可以借助科技企业的力量，探索更多创新的保护和展示方法，推动文化遗产保护工作的技术革新和发展。

二、技术手段的综合应用

通过将多种数字技术相结合，不仅可以充分发挥各种技术的独特优势，还能为文化遗产的保护、研究和展示提供更加全面和深入的支持。在河南历史文化名城保护中，三维扫描技术为文化遗产的数字化记录提供了高精度的测绘能力。与此同时，数字建模技术能够基于这些精确的测绘数据，构建接近完美的三维模型。这些模型不仅能够真实地还原文化遗产的物理形态，还能在必要时进行虚拟修复和重建工作。通过这种多技术的融合应用，可以极大地提高对文化遗产记录的精确度，为后续的保护和研究工作打下坚实的基础。

虚拟现实（VR）技术和增强现实（AR）技术的引入，为公众提供了全新的文化遗产体验方式。通过这些技术，用户可以在虚拟环境中亲身"体验"历史场景，或在现实世界中与数字化的文化遗产互动。对这种技术的综合应用不仅增强了公众的互动性和体验的沉浸感，也使文化遗产的展示更加生动和吸引人。此外，通过社交媒体和移动应用等平台的整合，还能将这些体验分享给全球的观众，扩大文化遗产的影响力。对技术手段的综合应用还支持了文化遗产保护工作的可持续发展。例如，数字化档案的建立不仅为文化遗产提供了一种长期保存的方式，还便于未来的研究和教育使用。同时，通过数据分析和人工智能技术，可以对文化遗产的保护状态进行实时监测和预警，及时发现潜在的风险和问题，为科学保护提供决策支持。此外，通过对技术的创新应用，还可以探索文化遗产的新型利用方式，如虚拟旅游、教育培训等，为文化遗产的活化利用开辟新路径。

三、多元主体的协同合作

这一原则强调在文化遗产保护过程中，不同主体之间应建立合作与共享的关系，充分发挥各自的优势，共同推动文化遗产的有效保护和利用。这种合作模式所体现出的文化遗产保护不再是单一主体的任务，而是需要政府、研究机构、企业、社区及公众等多方面力量的共同参与。政府部门在制定保护政策、提供资金支持、落实法律法规等方面扮演着领导和引导的角色；研究机构通过专业研究为保护工作提供理论依据和技术支持；企业则可以利用其在技术、资金、管理等方面的优势，参与文化遗产的保护和开发工作；社区和公众的参与则能够增强文化遗产保护工作的社会基础，提高公众对文化遗产价值的认识和保护意识。

多元主体的协同合作还体现在信息共享与资源整合上，通过建立有效的信息共享平台，不同主体可以实时分享文化遗产保护的相关信息，包括研究成果、保护技术、政策法规等，从而避免资源重复投入和重复工作。同时，通过资源整合，可以最大化利用现有资源，避免浪费，提高文化遗产保护的效率和效果。多元主体的协同合作还要求所有参与方在文化遗产保护的目标上达成一致，共同承担责任。这意味着，各参与主体在享有文化遗产保护成果的同时，也要承担相应的责任和义务，如遵守相关法规、提供必要的资金和技术支持、参与公众教育和宣传等。通过明确各方的责任和义务，可以有效地促进各参与主体之间的合作，形成合力，共同推进河南历史文化名城的保护与传承工作。

第二节　尊重历史与文化的真实性原则

一、精准复原与再现

在利用数字技术进行文化遗产的复原和再现时，精准复原与再现成为了这一原则的核心内容。这种做法不仅体现了对历史真实性的尊重，也保障了文化遗产传承的准确性和有效性。精准复原与再现要求在复原工作开始之前，进行充分且详细的历史考证。这包括对文化遗产的历史背景、建筑风格、使用材料、装饰艺术等方面进行深入研究。历史考证需要借助于历史文献、考古发现、古籍记载等多种资源，确保复原工作有足够的历史依据。通过精确的历史考证，可以确保复原工作的方向和细节都贴近历史真实，避免出现偏差。

在尊重历史与文化的真实性原则下，对科学技术的精准应用是实现精准复原与再现的关键手段。利用三维扫描、数字建模、虚拟现实等先进技术，可以在不破坏原始文化遗产的前提下，对文化遗产进行高精度的测量和复原。这些技术使得从复杂的建筑结构到细微的装饰纹理，都能被精确地捕捉和再现，极大地提升了复原工作的质量和准确度。精准复原与再现不仅是技术层面的要求，也是提升公众文化认知和教育意义的重要手段。通过精准地复原和再现历史文化遗产，可以为公众提供真实、生动的历史文化学习资源，增强公众对文化遗产价值的认识和尊重。同时，被精准复原的文化遗产可以作为教育和研究的重要基础，促进学术研究的深入和文化教育的普及。

二、传承文化内涵与价值

在河南历史文化名城保护的数字化实践中，尊重历史与文化的真实性原则不仅涵盖了对文化遗产物质形态的真实再现，还要重视文化内涵与价值的传承。文化遗产的真正价值不仅在于其物质形态，更在于其所蕴含的深厚文化意义、历史故事和社会价值。这需要通过详细的历史研究、对文献资料的梳理和专家学者的深度访谈等方式，获取关于文化遗产的全面信息。只有深入了解了文化遗产的历史背景、创造过程和文化价值，才能在后续的数字化保护和展示项目中，更加准确和生动地传达这些非物质文化要素。

利用数字技术呈现河南历史文化名城，不仅是将其物质形态数字化，更重要的是将文化遗产的内涵和价值通过现代技术手段表达出来。这可以通过虚拟现实（VR）、增强现实（AR）、三维动画等多种形式实现。例如，通过虚拟现实技术重建一个古代历史场景，不仅能让观众在视觉上欣赏到遗产的美，更能使观众通过互动体验深入了解历史故事、文化习俗和社会背景，从而实现对文化遗产深层次价值的传承。传承文化内涵与价值还需要加强公众的文化教育和参与，通过设立互动展览、组织文化讲座、开展教育活动等方式，激发公众对文化遗产的兴趣和热情。同时，利用社交媒体、网络平台等现代通信手段，将文化遗产的故事和价值传播给更广泛的受众。这种公众参与的模式不仅能够增强文化遗产保护的社会基础，也是实现文化遗产价值传承的重要途径。

三、保障信息的准确性与权威性

数字技术为历史文化的记录、保存、展示和传播提供了前所未有的可能性，同时也对历史文化信息的准确性和权威性带来了挑战。在进行历史文化名城的数字化保护和展示时，必须依托于权威的历史资料和专家学者的研究成果。这包括使用经过学术验证的历史文献、考古报告、专业研究论文等资料作为信息源。通过与历史学、考古学、建筑学等领域的专家学者紧密合作，可以确保数字化内容的科学性和权威性，避免因个人主观臆断或信息来源的不准确而导致的历史误解。

在保障信息准确性与权威性的过程中，项目团队必须严格遵循学术研究和专业实践的标准。这意味着在资料的收集、整理、分析到最终的数字化呈现的每一个环节，都要进行严格的质量控制。例如，在数字化复原古建筑时，需要结合考古发掘结果、历史建筑学原理及相关专家的解读，确保每一步骤都有充分的学术支持，保证所呈现的内容既科学又真实。在处理存在争议或尚未定论的历史事件和文化现象时，保持科学的怀疑精神和客观公正的态度尤为重要。这不仅体现了对历史真实性的尊重，也是对公众负责的表现。在这些情况下，应明确指出不同的观点和存在的争议，而不是单方面地强调某一种说法。同时，鼓励公众以开放的心态理解和接受历史的复杂性和多样性，促进对历史文化更深层次的思考和探索。

第三节　技术适用性和发展可持续性原则

一、选择与文化遗产特性相匹配的技术

毋庸置疑，采用数字技术对文化遗产进行保护、研究、复原及展示时，必须考虑到文化遗产自身的特性和需求，确保所选技术能够有效支持文化遗产的真实、完整与持久保存。这就需要根据河南历史文化名城中的文化遗产种类（如建筑、雕塑、壁画、手稿等）、材质（如石材、木材、金属、纸张等）、历史时期及所处环境的不同，对保护和复原的技术进行针对性地选择。例如，对于古建筑而言，三维激光扫描技术可以精确记录其空间尺寸和结构细节；对于文物壁画，高分辨率的数字成像技术则更能准确捕捉色彩和细节。因此，技术的选择必须基于对文化遗产特性的深入了解和综合考量，以确保所选技术能够最大限度地发挥其作用。

技术适用性强调所选技术必须能够有效应对文化遗产保护中遇到的具体问题，同时还要考虑操作的可行性和成本效益。适用性不仅包括所选技术能够实现的功能和效果，还涉及技术的可访问性、易用性及维护的便捷性。此外，有效性要求技术应用能够在不损害文化遗产原有状态的前提下，尽可能地减少对遗产的物理接触和干预，确保保护工作的原则性和科学性。选择与文化遗产特性相匹配的技术还要具有前瞻性，能够适应文化遗产保护领域不断变化的需求和挑战。这要求在技术选择时不仅要考虑当前的应用效果，还要考虑技术的更新升级潜力，以及如何通过技术创新来应对未来可能出现的新情况和新问题。此外，技术的可持续性还涉及环境影响、能源消耗等因素，选择环境友好和能源效率高的技术，有助于促进文化遗产保护工作的长期可持续发展。

二、确保技术应用的长期有效性

在技术适用性原则中，不仅要求当前的技术选择能够满足现有的保护、研究

和展示需求，更要考虑技术的未来发展潜力、适应性及在长期应用中的可持续性。这也意味着在进行技术选择时，需考虑技术的发展趋势和未来潜力。所选用的技术不仅要在当前具有高效的执行能力，还应具备较强的升级潜力和兼容性，以适应未来可能出现的新需求和技术变革。例如，选择能够通过软件更新增加新功能的数字化设备，或者采用模块化设计理念的系统，可以在不更换整套系统的情况下，通过升级部分组件或软件来提升系统性能。

在数字化记录和存档文化遗产时，采用开放式和标准化的数据格式至关重要。这种做法能够确保数据的长期可访问性和兼容性，即使在未来技术环境发生变化时，这些数据仍然可以被读取和利用。此外，标准化的数据格式还便于跨平台和跨系统的数据共享和交换，为文化遗产的研究和教育提供更广泛的可能性。为了应对不断变化的社会、经济和环境条件，技术应用需展现出强大的适应性和灵活性。这包括设计易于更新和维护的系统架构，以及开发能够适应不同操作环境和用户需求的应用程序。同时，通过建立技术监测和评估机制，定期对技术应用的效果和适应性进行评估，及时调整和优化技术策略，确保技术应用能够持续有效地支持文化遗产保护工作。在追求技术应用的长期有效性的同时，还需考虑技术应用对环境的影响，确保技术选择和应用过程符合环境可持续性的原则。这意味着，在技术选择时应优先考虑能效高、污染小的设备和方法，同时在技术应用过程中采取措施减少能源消耗和废物产生，以实现环境保护和可持续发展目标。

三、促进技术创新与环境可持续性的平衡

在河南历史文化名城保护的数字化实践中，技术适用性和发展可持续性原则对于维持技术创新与环境可持续性之间的平衡提出了明确的要求。这一原则的实施，旨在通过科学合理地应用先进技术，既提升文化遗产保护工作的效率和效果，又最大限度地减少对环境的影响，实现文化遗产保护工作的长期可持续性。也就是说，在河南历史文化名城保护的数字化实践中，积极探索和采用低碳环保的技术创新是实现技术与环境可持续性平衡的重要途径。这包括采用节能型的设备、优化技术流程以减少能源消耗、使用可再生能源等。例如，采用太阳能供电的三维扫描设备进行古建筑测绘，不仅减少了碳排放，也保证了在缺乏电力供应的遗址区域进行高效工作。

　　在选择和应用技术方案时，强化环境意识是确保技术创新与环境可持续性平衡的关键。这意味着在技术选择和实施过程中，需要充分考虑技术对生态环境的潜在影响，优先选择对环境影响较小的技术和方法。此外，对于可能产生负面环境影响的技术应用，探索和采取有效的环境保护措施，如废弃物的回收处理、污染防治等，以确保技术应用的环境友好性。实现技术发展与环境保护的协调是促进技术创新与环境可持续性平衡的最终目标，在河南历史文化名城保护的数字化实践中，通过建立科学的评估和监测机制，定期评估技术应用对环境的影响，确保所有技术创新和应用项目都能在不破坏环境的前提下进行。同时，鼓励跨学科的研究和合作，探索将环境科学与信息科技等领域的最新成果应用于文化遗产保护中，以推动技术发展与环境保护的协调进步。

第五章 数字技术在河南历史文化名城保护中的具体应用策略

第一节 虚拟现实（VR）与增强现实（AR）技术应用

一、构建虚拟化街区的原则

构建虚拟化街区，特别是在保护具有深厚历史文化价值的街区时，需遵循一系列原则以确保其真实性、可持续性和有效性。这不仅是对历史的尊重，也是利用现代技术促进文化遗产保护的重要手段。河南作为历史文化大省，其虚拟化保护计划的实施，需基于正确的价值评价和保护原则，以避免实施不当而导致的不可逆损害。历史文化名城的虚拟化街区构建应遵循两大原则。

（一）城市文化遗产整体性保护原则

这一原则要求历史文化名城保护工作从宏观角度出发，充分考虑城市遗产的完整性和连贯性，采取综合性的保护措施，以达到既保护城市历史文化遗产，又促进城市可持续发展。历史文化名城的整体性保护要求对城市文化遗产的识别和评价涵盖更广泛的领域，不仅包括物质文化遗产，如古建筑、历史街区、遗址遗迹等，还包括非物质文化遗产，如传统手工艺、民俗风情、语言文字等。这种全面的评价和识别工作是保护工作的基础，也是确保文化遗产保护工作全面性的前提。城市文化遗产整体性保护还要强调采取多元化的保护方法和手段，包括物理修复、法律保护、文化活化、社会参与等多种措施的有机结合，旨在实现对城市文化遗产多方面、多层次的有效保护。通过灵活运用不同的保护手段，既保留了城市文化遗产的物质形态，又活化了其文化价值，为城市注入了新的活力。与此同时，城市文化遗产整体性保护还要求加强多学科之间的合作与交流。建筑学、历史学、考古学、社会学等多个学科的专家学者需要共同参与到城市文化遗产的保护工作中来，利用各自的专业知识和技能，为城市文化遗产保护提供科学的方法和策略[1]。

河南历史文化名城的虚拟化保护实践应体现城市遗产整体性保护的现代化理念，这一实践不仅扩展了保护对象的范围，而且促进了遗产保护教育的普及与社会力量的积极参与。通过对价值评价体系的应用，对河南历史文化名城的虚拟化保护工作进行评估分析，并且坚持动态保护的理念，从而构建起一个全面且系统的城市遗产整体性保护体系。保护对象的扩展使得河南历史文化名城的虚拟化保护工作不仅关注传统的物质文化遗产，如建筑、遗址等，也同样重视非物质文化遗产，如手工艺、传统节庆等。这种扩展使得文化遗产保护更为全面，不仅能够保存历史文化名城的物质形态，还能够保护和传承其深厚的文化内涵和精神价值。另外，不仅要通过教育和宣传，提高公众对历史文化遗产保护重要性的认识，激发公众参与保护工作的热情，还要通过虚拟化技术，使公众更易于理解历史文化名城及其文化遗产，从而有效促进文化遗产保护教育的普及。另外，还要通过政府、企业、民间组织及个人的合作，集合各方面力量进行文化遗产保护，不仅可以提高保护工作的效率和效果，还能够丰富保护手段和内容，形成共同参与的良好局面。这种动态保护理念属于多层次、循序渐进的操作模式[2]，实现文化遗产保护与社会经济发展的和谐共生，确保历史文化名城在保留历史原貌的同时，也能够适应现代社会的发展需要[3]。河南历史文化名城整体性保护体系框架如图 5-1 所示。

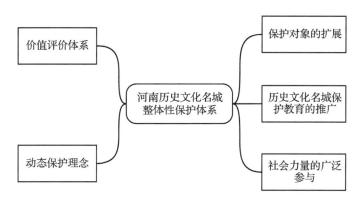

图 5-1　河南历史文化名城整体性保护体系框架

① 刘庆. 城市遗产整体性保护论［J］. 城市问题，2010（2）：13-17+27.
② 陈运合. 福州马尾工业建筑遗产动态保护及再利用研究［D］. 厦门：华侨大学硕士学位论文，2014.
③ 高宜生，闫子杨. 近现代历史建筑动态保护与利用方式初探［J］. 艺术教育，2022（7）：209-212.

1. 保护对象的扩展

在历史文化名城保护的实践中，保护对象的扩展是一项关键的创新举措。这种变化意味着保护工作不再仅限于单个历史建筑物或是具有传统风貌的建筑群落，而是将其周围的环境纳入保护范围内，以此确保保护对象的完整性。这种扩展体现了文化遗产保护理念与方法的演进，强调了传统环境、城市布局及其与周围环境之间联系的重要性。随着城市化的快速发展，这些街区不仅是城市历史的见证，更是城市文化与社会记忆的重要载体。因此，对它们的保护不仅关乎建筑物本身，更关乎其所承载的文化精髓与历史价值。在此背景下，保护对象的扩展成为了一项迫切的需求。这不仅包括对历史建筑本身的保护，还涉及保护其周边的自然环境、街道布局、传统生活方式等，以保持历史文化街区的完整性与真实性。历史文化街区由于其文物丰富、历史建筑密集且能够完整体现某一时期或地区的传统格局和历史风貌，因而成为城市文化遗产整体性保护的重要对象。整体性保护的理念要求我们在保护工作中不仅要注重对单体建筑的修复与维护，更要关注整个街区的空间布局、传统特色的保持与发展，以及其与周围现代城市环境的和谐融合。这种保护方式不仅有助于保存城市的历史风貌，还能促进历史文化与现代生活的良性互动。

在河南历史文化名城的保护实践中，动态保护理念可以提供一个全面且细致的保护方案，确保文化遗产在现代社会中既得以保存又能发挥其价值。这一理念突破了传统保护策略的局限性，通过对保护对象的扩展、动态评估及技术的灵活应用，为历史文化名城的可持续保护提供了新的思路。这种保护不仅包括单一的历史建筑，也涵盖了建筑物周边环境，甚至整个城市的文化生态。这种扩展的目的在于不仅确保物质文化遗产得到保护，同时也保护那些使得这些建筑物与众不同、富有生命力的非物质文化要素。通过保护建筑物的同时保护其环境和布局，河南的历史文化街区能够更加完整地传达其历史价值和文化意义。结合动态保护理念，河南历史文化名城采取了三个关键策略[①]：使用功能的动态转化、保护层级的动态转换及修复技术的动态实施。这些策略体现了保护工作的灵活性和适应性，使得历史建筑在保持其原有价值和特色的同时，也能够适应现代社会的发展

---

① 徐宗武，杨昌鸣，王锦辉. "有机更新" 与 "动态保护" ——近代历史建筑保护与修复理念研究 [J]. 建筑学报，2015（S1）：242–244.

需要。使用功能的动态转化意味着历史建筑可以根据现代社会的需求和条件，有选择地改变其用途，从而使其价值得到最大化的展现。保护层级的动态转换则是在综合考虑建筑的文化价值、社会价值和美学价值等多重因素后做出的决策，这要求我们必须建立一个科学合理的价值评估体系，以指导保护实践。修复技术的动态实施强调根据建筑物的具体损害情况和保护价值，灵活选用适合的修复方法和技术，这既保证了建筑的物理完整性，也保留了其历史信息。河南历史文化名城的虚拟化保护利用现代科技，为多种修复方案的比较和选择提供了便利，增加了修复工作的准确性和有效性。

2. 历史文化名城保护教育的推广

遗产保护教育在城市文化遗产整体性保护策略中占据核心地位，旨在培养群众对文化遗产价值的深刻理解。教育活动通过各种渠道和方法，向公众传达文化遗产的意义，增强文化遗产保护意识，鼓励主动参与保护活动。教育不仅限于传统的学术研究和专业培训，也涵盖了面向公众的展览、讲座、互动体验等形式，使文化遗产保护成为社会各界共同关注的议题。其原因主要体现在两方面：一是遗产保护教育能够促使人们认识到每个个体在文化遗产保护中的角色和责任，激发公众的参与热情。人们通过参与教育活动，不仅学到有关文化遗产的知识，还能够直观感受到文化遗产的独特魅力和价值，从而增强对保护工作的支持。二是文化遗产保护教育为文化遗产的可持续保护提供了坚实的基础，教育能够帮助文化遗产保护工作构建知识丰富、理解深刻的公众基础，这些受过教育的公众将成为保护工作的支持者、参与者甚至是倡导者。通过教育，可以有效传播保护文化遗产的重要性，形成社会各界对文化遗产保护的广泛共识和强大动力。

在河南历史文化名城的虚拟化保护实践中，在内容设计方面充分利用虚拟现实技术的展示优势，以视觉和听觉为主导，融合多种交互形式，生动展现街区的文化遗产资源。该实践不仅重现了街区的历史风貌，也深入介绍了每一处文化遗产的价值及其保护现状，使得公众能够全方位、多角度地了解和体验河南的历史文化。通过精心设计的虚拟环境，观众仿佛穿越时空，置身于历史文化名城的古街古巷之中，感受那些年代久远的建筑风格和城市布局。配合逼真的视觉效果，环境音效和背景音乐的巧妙搭配更是增添了历史氛围，让人们仿佛听到了历史的回声，感受到了文化的脉搏。多种交互形式的融入让观众的体验更加丰富，观众通过点击、拖动等操作，不仅可以查看文化遗产的详细信息，还能从多个视角欣赏文化遗产的全貌，甚至通过模拟的互动体验，如虚拟修复、模拟挖掘等，亲身参与文化遗产的保护和研究过程中。

3. 社会力量的广泛参与

城市遗产的整体性保护不仅需要政府和专业机构的努力，更离不开社会各界的广泛参与。特别是市民，作为城市文化的传承者和受益者，他们的积极参与对于城市遗产的保护与传承至关重要。近年来，虚拟现实（VR）技术的引入为激发社会公众的参与热情开辟了新途径，特别是在历史文化街区的保护工作中，通过沉浸式体验，使得文化遗产保护工作更具吸引力和感染力。利用虚拟现实技术构建的虚拟化街区，能够为用户提供一种全新的感官体验。通过高度沉浸式的互动环境，用户不仅能够在虚拟世界中自由漫游，探索每一个角落，体验历史文化的魅力，同时还能通过游戏化的互动，参与到文化遗产的保护和修复中来。这种互动体验，使得文化遗产保护工作变得更加生动和有趣，极大地提升了公众的参与意识和保护意愿。社会力量的广泛参与不仅仅是通过虚拟现实技术提供的体验，更是基于这种体验所引发的深刻思考和行动。当公众在虚拟环境中亲身"体验"到文化遗产的美丽及因忽视和破坏而逐渐消逝的危机时，他们会更加珍惜并积极参与到实际的保护工作中。这种通过技术手段激发起来的参与意识，能够促进社会各界对城市遗产保护工作的支持与协助，形成一种全社会共同参与的保护氛围。

（二）用户体验原则

区别于传统的历史文化名城的了解方式，虚拟化保护不仅提供了一种新颖的探索途径，更重要的是，它极大地丰富了用户的体验感。相比于传统的参观访问模式，虚拟化保护能够突破物理空间和时间的限制，为用户带来前所未有的沉浸式体验。传统的实地参观，尽管能够提供直接的体验感，但往往受限于管理、保护等多重因素，导致许多珍贵文物无法近距离观察，或是无法接触，这种方式在一定程度上限制了用户体验的深度。通过视频、书籍等传统媒介获得的知识，虽然能够为群众提供历史文化知识，但缺乏直观的体验感，用户的感受很大程度上依赖于媒介，难以形成个人的直观感受和深刻理解。河南历史文化名城的虚拟化保护项目，通过运用虚拟现实技术，将用户置于一个高度模拟的历史文化环境中，这种做法不仅让用户能够"亲临其境"地探索每一处角落，了解每一件文物背后的故事，还能通过交互性设计，让用户在虚拟环境中进行操作和探索，从而获得更为深刻和持久的记忆与体验。虚拟现实技术的想象性、交互性和沉浸性为河南历史文化名城的保护和传承提供了新的可能。它使得用户能够通过视觉、听觉等感官全方位地体验历史文化氛围，这种体验方式能够从心理沉浸等多个层面，深刻地影响用户的体验感受。在设计虚拟化街区的具体实践中，需要重点考虑可视化效果的真实表达和交互体验的丰富性。通过构建真实感强烈的场景，设置合理且富有创意的交互方式，并且精心设计交互内容，使用户在虚拟环境中的体验尽可能地接近于真实的历史文化探索过程[①]。该原则下的河南历史文化名城整体性保护框架如图 5-2 所示。

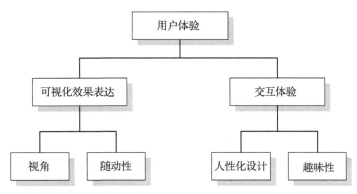

图 5-2　河南历史文化名城整体性保护体系框架

1. 可视化效果表达

通过高度集成的技术手段，虚拟现实技术将虚构环境、传感设备及用户端紧密结合，创造了一种既真实又超越现实的视觉体验，这种体验不仅仅局限于视觉感官，更拓展至听觉、触觉等多维感官体验，从而实现了虚拟与现实的完美融合。视角和随动性是提升虚拟现实作品可视化效果的两大关键点。

一是第一人称视角的应用，它模拟了现实世界中人的视角，为用户提供了一种身临其境的观察方式。这种视角不仅使得用户能够以一种自然的方式探索虚拟环境，还大大增强了用户的代入感和心理沉浸感。如同在第一人称射击游戏中，玩家通过角色的眼睛观察世界，对这种视角的应用在虚拟化保护实践中同样有效。用户在虚拟环境中以第一人称的视角漫游历史文化名城，这种体验远远超越了通过电影、电视或书籍获取的知识，提供了一种新的感官冲击和深度体验。二

---

① 冯骋凌. 基于 UE4 虚拟现实交互技术应用的室内感知觉研究［D］. 太原：山西大学硕士学位论文，2020.

是随动性的实现更是增强了这种沉浸感，这里的随动性是指虚拟环境能够随着用户视角的改变而实时变化，模拟真实世界中物体与视角之间的相对运动，使得用户能够自由地在虚拟环境中移动、观察和探索。这种技术不仅使得用户对虚拟环境的探索更加自然和直观，还能够在更大程度上模拟真实世界的物理规律，进一步提高了虚拟体验的真实度。

通过精心设计的可视化效果，河南历史文化名城的虚拟化保护项目成功地为用户提供了一种全新的探索和学习历史文化的方式。这种方式不仅是一种视觉上的享受，更是一次深刻的心理体验，使得用户能够在虚拟世界中深入感受历史文化的魅力，从而增强对历史文化遗产保护的认识和兴趣。在这个过程中，技术的创新与应用为传统文化的传承和保护开辟了新的路径，展现了虚拟现实技术在历史文化保护领域的巨大潜力和价值。

2. 交互体验

通过利用先进的虚拟现实技术，不仅在视觉上提供了丰富的互动体验，还通过听觉、触觉等多感官的结合，使用户能够在虚拟环境中体验到前所未有的真实感，这种多感官交互为用户带来了极为真实和沉浸式的体验。个性化设计是增强交互体验的一个重要方面，通过对用户的行为、偏好进行分析，虚拟现实平台能够提供更加个性化的服务和体验。用户可以根据自己的兴趣选择不同的历史文化名城探索路线，甚至参与到历史事件的模拟重现中，如同穿越时空般亲身体验那段历史。另外，用户还能够通过虚拟现实技术，亲手操作和互动，如虚拟修复古迹、参与传统文化活动等，这些个性化的交互设计极大地丰富了用户体验，并加深了用户对历史文化的理解和感知。趣味性设计则是吸引用户持续参与的关键。通过将游戏化元素融入虚拟体验中，如解谜、寻宝等互动活动，能够激发用户的好奇心和探索欲，使用户在享受乐趣的同时，无形中学习到更多的历史文化知识。例如，在虚拟河南历史文化名城中，用户可以通过完成一系列与名城历史相关的任务和挑战，解锁更多未知的历史故事和文化背景，这种趣味性设计不仅提升了用户的参与度，也使文化传承更加生动有趣。

此设计理念强调用户体验的主观感受优于技术性能[1]，所以必须将用户需求置于中心位置，依据对虚拟现实在河南历史文化名城保护应用的调研分析，揭示

---

[1]　杨豫婷.UE4引擎技术在建筑可视化设计中的应用研究［D］.武汉：湖北工业大学硕士学位论文，2018.

用户参观虚拟街区的主要动机为探索当地的历史文化。调研表明，在河南历史文化名城的保护与发展现状中，对文化价值的发掘与利用存在明显的不足。因此，河南历史文化名城的虚拟保护实践应通过交互体验深入渗透历史文化元素，凸显该项目的文化遗产教育性质。实现该目标要求在设计上做到细致入微，确保交互环节能够充分反映区域的历史文化特色。借助虚拟现实技术，用户在虚拟环境中不仅能观赏到建筑物，还能通过互动——如点击、触摸等方式——获取建筑的历史故事和文化背景，甚至相关的非物质文化遗产信息。交互设计还需考虑用户群体的多样性，为不同年龄、背景的用户提供适宜的交互方式和内容。例如，为年轻用户增加游戏元素，如解谜、寻宝活动，提高他们的参与度；对于重视学习和研究的用户，提供更详尽的历史文化资料和研究成果。河南历史文化名城的虚拟化保护通过人性化的交互设计，不仅提供技术先进、视觉震撼的体验，更能有效传播河南丰富的历史文化遗产，增进公众对历史文化保护的理解和支持，为历史文化名城的长期保护与传承做出贡献。

这种体验不仅停留在视觉层面上，更通过各种互动设计，使用户能够在虚拟环境中进行操作，如开启门窗、点亮灯光等，以及参与解谜、答题等任务，极大地增加了用户体验的趣味性。交互体验的趣味性，不仅能够吸引用户的持续参与，还能通过游戏化的元素促进用户对历史文化的深入了解和认识。在虚拟化街区的设计过程中，设计师将复杂的历史文化知识融入到交互环节中，让用户在完成任务的过程中，无形间学习到历史文化知识，实现了教育与娱乐的完美结合。在这里，交互界面的设计也是实现沉浸式体验的关键，一个直观、美观、易操作的交互界面能够快速引导用户进入虚拟环境，减少操作的学习成本，让用户能够更专注于体验内容本身。设计师需要考虑到用户的操作习惯和心理预期，设计出既满足功能需求又符合审美标准的交互界面。

二、虚拟化街区的板块内容及设计思路

河南的历史文化名城拥有丰富多彩的文化遗产，将这些元素通过虚拟现实技术呈现出来，不仅能够保护这些珍贵的文化资源，同时也能为公众提供一个全新的学习和体验方式。基于虚拟现实的沉浸式理论框架，设计的虚拟化城区内容及构思，着重考虑如何通过技术实现心理的沉浸、在场感和情感上的移情。构建的虚拟环境分为三个主要板块：虚拟漫游、数字化导览和解谜探索，每一部分都旨在增强用户的参与感和体验深度（见图5-3）。虚拟漫游板块让参观者能够自由地在虚拟环境中移动，享受视觉上的盛宴，通过精细的三维重建，展示城市的历史风貌和建筑细节。数字化导览板块通过互动式的介绍和解说，增强了参观者对每一处景点的历史背景和文化意义的理解。解谜探索板块则通过设定一系列的任务和谜题，激发用户的好奇心和探索欲，让参观者在完成任务的过程中，深入学习历史文化知识。

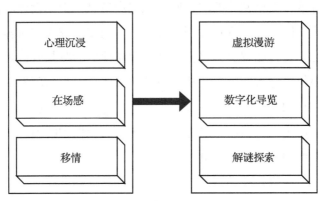

图5-3　板块内容设计思路

（一）虚拟漫游

　　河南历史文化名城的虚拟化保护实践，通过虚拟漫游板块，提供了一个独特的体验机会，让体验者能够以最接近现实的方式自由漫游于这片充满历史韵味的街区之中。这一板块的核心在于采用第一人称视角，通过模拟步行的体验，让参观者仿佛亲自踏足于河南的古街古巷，身临其境地感受其独有的历史文化氛围。从技术实现角度，利用如Unity3D或虚幻引擎这类先进的游戏引擎，这些平台不仅在创建逼真的视觉效果方面有着无与伦比的能力，而且在模拟真实操作体验方面也有着极大的优势。通过配合虚拟现实头盔和手柄等交互设备的使用，用户可以得到极为真实的观览体验。这些技术平台和交互工具的不断进步，有效减少了动作反馈的延迟，让用户虚拟漫游的体验更加流畅和自然。虚拟漫游板块的设计旨在突破传统的参观限制，通过高度自由化的漫游方式，用户可以随心所欲地探索每一个角落，无需担忧时间限制或物理距离的束缚。更重要的是，这种参观方式让参观者有机会深入了解每一处景点的背后故事和文化含义，不仅仅是肤浅的观赏，而是一种深度的文化体验。

在河南历史文化名城的虚拟化保护实践中，针对不同的体验者群体和其偏好的交互方式，设计了两种主要的虚拟漫游模式，分别适配 PC 端用户和虚拟现实设备用户。这样的设计旨在确保不同设备和平台的用户都能享受到高度真实和沉浸的虚拟体验，同时也能广泛覆盖更多的体验者，提高文化传播的效率和影响力。对于以 PC 端为主的用户群体，虚拟漫游设计应考虑桌面式的交互习惯，即通过显示屏展示虚拟环境，同时利用键盘和鼠标进行操作控制。具体而言，一种方式是用户可以通过鼠标移动来调整观察的视角，通过键盘上的特定按键（如 W、A、S、D 等常用于控制行动方向的按键）来控制角色的前进、后退和转向。这种操作方式为广大熟悉 PC 操作的用户提供了便捷的交互手段，让他们能够轻松地漫游于虚拟化的河南历史文化名城中，探索每一角落的细节和故事。另一种方式则是通过虚拟现实头盔和手柄这类更为沉浸的交互设备进行体验。在这种模式下，体验者通过物理转动头部来改变观察视角，利用手柄上的按钮控制角色的移动。这种交互方式能够极大地增强体验者的在场感和沉浸感，仿佛真正置身于河南的古街古巷之中，每一次转头或步伐都紧密地与虚拟世界连接，为体验者带来前所未有的真实感受。

（二）数字化导览

数字化导览在河南历史文化名城的虚拟化保护中扮演着至关重要的角色。它不仅是参访者的向导，提供沿途的解说和信息，还是链接各个街区板块内容的关键线索，为用户提供一条清晰、连贯的参观路径。这种设计深刻体现了"以人为本"的设计理念，致力于创造一个既理性又富有人性的体验。数字化导览可以为用户提供定制化的路线选择，让参访者根据自己的兴趣和时间安排选择不同的参观路径。无论是想深入了解某一历史事件的用户，还是只希望欣赏街区风貌的游客，都能在数字化导览中找到合适的选择。数字化导览的内容设计可以融合丰富的历史文化知识，通过生动的语言和高质量的图像、视频等多媒体元素，将河南历史文化名城的故事生动地呈现给用户。这种高质量的内容呈现，不仅能够提升用户的认知水平，更能激发用户对历史文化的兴趣和好奇心，增强他们的学习动力。在交互设计上，数字化导览注重用户体验的流畅性与互动性。通过触摸屏幕的简单操作，用户可以轻松选择感兴趣的内容进行深入探索，或是跳转至其他相关信息，使得整个参观过程更加自由和个性化。同时，导览系统还可以根据用户的实时位置提供最近的兴趣点信息，确保用户不会错过任何值得一看的景点。

正因如此，河南在历史文化名城虚拟化保护的实践中，这一体验创新主要体现在两个层面：一是技术与交互的融合；二是内容与情感的连接。数字化导览的设计充分考虑了用户体验原则，强调"以人为本"的设计理念。通过触动交互模式的引入，如用户触碰到某个机关或标志物时，系统会自动弹出文字提示或语音解说，使用户逐步熟悉并掌握交互的操作模式。这种设计不仅简化了用户的学习过程，也大大增加了交互的趣味性，使用户在虚拟环境中的操作与真实世界中的体验趋于一致，从而提高用户的在场感和沉浸感。数字化导览的内容设计紧密围绕河南历史文化名城的丰富文化内涵和历史故事展开，从宏观的省级历史文化背景介绍到微观的街区、建筑和地标的详细解读，导览内容通过图文、语音讲解和视频展示等多种形式呈现，为用户提供了一个内容丰富、形式多样的知识探索旅程。此外，导览内容还设计有层次铺垫，按照用户探索的逻辑顺序逐步展开，帮助用户构建起清晰的知识框架，深化对河南历史文化名城的理解和感知。通过这样的设计，数字化导览不仅作为用户探索河南历史文化名城的指南针，引导用户沿着设定的路径深入了解各个历史文化节点，还通过丰富的内容和互动设计，激发用户的学习兴趣和探索欲望。用户在游览的同时，能够在认知上获得满足，情感上获得共鸣，实现高水平的心理沉浸和情感移入。这种基于高度沉浸体验的数字化导览，不仅提高了用户的文化知识水平，更加深了其对河南历史文化名城保护重要性的理解和认同，为文化传承和保护工作贡献了力量。

（三）解谜探索

在河南的历史文化名城虚拟化保护实践中，解谜探索环节应采用解谜游戏的关卡设计思路，通过三个核心设计思路——关卡逻辑、关卡拼接及基于用户情感的交互设计——来增强用户体验的人性化和趣味性。这些环节不仅让参与者深入了解河南的历史文化名城，也通过游戏化元素激发对该地文化遗产的情感认可。它体现了城市遗产保护的全面性原则和以用户为中心的体验原则，通过提供富有教育意义的互动体验，促进了文化遗产的传承与保护。解谜探索不仅是一种娱乐体验，更是一种文化学习和感知的过程，使得虚拟化保护实践成为一种有效的文化遗产教育和传播手段，进一步加深了公众对河南历史文化名城价值的理解与珍视。

1. 关卡逻辑思路

解谜游戏作为一种智力游戏，其核心在于对逻辑思维的应用。这类游戏不仅考验玩家的创造力和知识储备，更是对玩家逻辑思维能力的一次深刻挑战。在解谜游戏中，玩家需要将散落的线索和碎片通过逻辑推理组合在一起，最终解开谜题。这种游戏的魅力在于，每一个谜题都是一个小型的逻辑体系，玩家需要在这个体系中找到解决问题的规律。逻辑，作为解谜游戏的核心，要求设计者在谜题构建时设置一定的规则，这些规则既可以是明确指出的，如魔方游戏中明确的操作方法和达成的条件，也可以是默认规则，如在拼图游戏中，不规则的碎片之间无法匹配且图案无法完美对接。这些规则为游戏的解谜过程奠定了基础，确保了谜题的逻辑性和可解性。解谜游戏的设计原则在于，通过规则的设置和谜题的逻辑性，引导玩家进行思考和推理。这不仅能够提升玩家的逻辑思维能力，还能够在一定程度上提升玩家的学习能力和创造力。此外，解谜游戏往往设有多个难度等级，每个难度等级都有着不同的谜题和解决方案，这种设计能够满足不同玩家的需求，使游戏具有更广泛的吸引力。

2. 关卡拼接思路

在解谜游戏中，拼接不仅仅是一个简单的动作，而是整个游戏过程中至关重要的环节，它要求玩家运用逻辑思维将散落的线索、物品或信息进行有效组合，从而解开谜题。这种方式既是游戏的挑战所在，也是游戏乐趣的来源之一。对于设计者而言，拼接思路的设计是构建一个成功解谜游戏的关键所在，他们需要深入理解游戏的机制，设计出既具有挑战性又能引导玩家逐步解答的谜题。设计者在创建解谜游戏时，实际上也是在设定一个个具体的谜题和解决路径，他们需要预设所有可能的玩家操作和解谜方法，从而确保游戏的可玩性和逻辑性。在这个过程中，设计者需要像解谜者一样思考，预见玩家可能的思路和行动，通过精心设计的拼接思路，使游戏中的每一个动作、每一件物品、每一段线索都能够彼此关联，共同构成一个完整的解谜体验。拼接的概念虽源于物理的拼图游戏，如七巧板、华容道等，但在数字解谜游戏中它被赋予了更广泛的含义。不仅限于物理物品的组合，拼接还可以是信息的整合、线索的关联或者是事件的串联。玩家在游戏中通过收集、观察和思考，将看似毫无关联的元素拼接在一起，发现背后隐藏的逻辑和秩序，最终揭开谜题的答案。这种拼接过程不仅考验玩家的逻辑思维能力，还涉及创造力、观察能力和耐心。游戏中的谜题设计必须合理，既不能过于简单直接，缺乏挑战性；也不能过于复杂晦涩，使玩家感到沮丧。一个优秀的解谜游戏，能够在玩家与谜题之间建立起一种互动的关系，通过拼接过程中的尝试和探索，给玩家带来成就感和乐趣。

在河南历史文化名城的虚拟化保护实践中，解谜探索成为一种富有创意和教育意义的方式，通过整合历史文化知识与游戏互动元素，旨在提升公众参与感和历史文化教育效果。其中，关卡的设计理念，特别是关卡拼接思路，显得尤为关键，它不仅能增强体验者的娱乐兴趣和获得感，同时也实现了历史文化知识的传播，达到了寓教于乐的目的。在设计关卡拼接思路时，简易性成为一个重要的考量标准。通过设置合理的挑战难度，既能够吸引用户的兴趣，又能够避免因过度复杂而导致的用户挫败感。这种设计不仅是对用户友好的考虑，更是一个有效的策略，以确保文化教育的目的能够顺利达成。具体到解谜方法的应用，河南历史文化名城的虚拟化探索依托于丰富的历史文化背景，引导用户通过阅读、观察和思考，寻找解决谜题的关键线索。例如，通过解读与年代数字相关的历史信息，或是根据虚拟场景中提供的导览提示进行线索收集，这些活动不仅降低了解谜的难度，提升了用户体验，同时也加深了用户对河南历史文化名城独特魅力的理解和认识。通过这样的互动式学习和体验，用户不仅能够享受到解谜带来的乐趣和成就感，更能在游戏过程中学习到关于河南历史文化名城的知识，增进对该地区文化遗产的了解和认可。这种基于虚拟现实技术的教育和保护实践，不仅为传统的文化遗产保护提供了新的视角和方法，也开辟了公众参与历史文化保护的新途径，有效地结合了技术创新与文化传承。

3. 关卡设计基于用户的情感交互设计思路

这一设计思路，以用户的体验和感受为中心，通过细腻的视觉与听觉元素、人性化的导览提示，以及符合用户常规习惯的互动方式，营造了一种强化现实感的沉浸式体验（具体设计流程见图5-4）。这种设计不仅在操作层面上提供了便利，更在情感层面与用户建立了深刻的链接，增强了用户的心理认同和情感投入。从视觉与听觉的基础入手，河南历史文化名城的虚拟化设计精心打造了一系列符合人性化的导览标识，这些标识不仅提供了方向和任务的提示，更是在无形中告诉用户：你不是孤单的，你的每一步探索都有我们的引导。这种设计深刻地反映了"以用户为中心"的设计原则，让用户在虚拟世界中也能感受到温馨和指引。通过多维度的感官体验，如模拟真实环境中的声音、光影变化等，用户的沉浸感被极大地增强。这种模拟不仅仅是为了还原真实，更是在不断强化用户的在场感，使得每一次交互都成为一次心灵的触碰，每一处景观都变成记忆中的一部分。这种强化了的模拟现实交互体验，使得用户在情感上更易于对虚拟化的河南历史文化名城产生认同感。在解谜探索的设计中，情感交互的设计思路尤为显著。设计者避免了单一枯燥的答题模式，而是将知识点与解谜关卡巧妙结合，通过关卡的推进，逐步深入地向用户展开有关历史文化知识的讲解。这种设计不仅让用户在游戏的过程中学到了知识，更在心理层面上与河南的历史文化建立了深刻的联系。关卡的设计呈现出一种承前启后、环环相扣的铺垫关系，让用户在完成一项项挑战的同时，逐步建立起对河南历史文化名城的深厚感情。

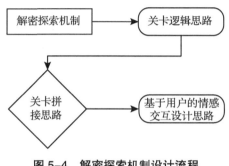

图 5-4　解密探索机制设计流程

三、虚拟化河南历史文化名城的实现方式

（一）虚拟化历史文化名城的交互方式

河南历史文化名城的虚拟化项目是一个创新的尝试，通过 PC 平台的虚拟现实技术，让用户能够通过电脑和虚拟现实设备，如 VR 眼镜和 VR 手柄，深入探索和体验这些名城的丰富历史和文化。这种虚拟体验不仅模拟了视觉和听觉感受，还通过高度互动的方式，增强了用户的沉浸感，使其仿佛亲自踏足历史场景。在使用鼠标和键盘进行虚拟探索时，用户需要通过鼠标的移动和键盘的特定按键操作来控制视角和移动方向，如使用空格键实现跳跃动作。这种交互方式虽然依赖于传统的输入设备，但通过精心设计的交互逻辑，依然能够提供一定程度的沉浸式体验。例如，系统中的按键提示将引导用户如何与虚拟环境互动，从而让用户在探索过程中逐步熟悉操作方式，进一步深入了解河南历史文化名城的特色和故事。另外，用户可以通过 VR 眼镜和 VR 手柄进行体验，则能够获得更加丰富和直观的感受（见图 5-5）。用户可以通过身体的转动和手柄的操作来自由观察虚拟环境，实现全方位的观看，这种方式更接近于现实世

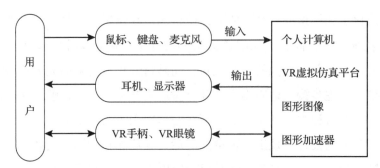

图 5-5　虚拟现实系统的体系结构

界的体验，大大增强了用户的沉浸感。例如，配合手柄可以实现位移和触碰等
动作，这些交互操作不仅让用户在虚拟环境中拥有更大的自由度，也让虚拟体
验更加生动和真实。

　　在探讨虚拟现实技术及其应用时，交互方式设计显得尤为关键。它不仅是构
建用户体验的根基，也是设计具体交互内容的重要前提。特别是在虚拟化街区
的场景中，如何通过合理的交互方式设计来提升用户的沉浸体验成为了研究的重
点。根据沉浸理论，本章将详细探讨交互方式设计在视觉、听觉、触觉等多感官
维度中对用户沉浸体验的影响，并验证沉浸理论中的相关观点。交互方式设计的
重要性在于，它直接影响到用户在虚拟环境中的沉浸程度。沉浸理论强调，通过
有效的交互设计，可以显著增强媒介环境中的互动行为，从而加深用户的沉浸
感。这种沉浸感的强度与用户参与的感官维度成正比，即用户越是能够通过多种
感官维度与虚拟环境互动，他们体验到的沉浸感就越强烈。视觉沉浸是虚拟现实
体验中最直接、最基础的一环，通过精细的图像渲染、逼真的场景构建，可以让
用户仿佛身临其境。然而，视觉沉浸的设计不仅仅是对细节的追求，更重要的是
如何通过视觉元素引导用户的注意力，创造连贯、有吸引力的虚拟环境。听觉沉
浸也同样重要，适当的背景音乐、环境音效及角色对话等，能够有效地增强用户
的情感体验和场景的真实感。在虚拟化街区这样的场景中，如何巧妙地融合各种
声音元素，创造出一个既活跃又富有层次感的听觉环境，是设计中的一大挑战。
触觉沉浸则涉及更为复杂的技术实现，包括但不限于力反馈装置的使用等。触觉
交互不仅能提升用户的体验感，还能增加虚拟环境的可信度。通过模拟现实世界
中的物理互动，如轻触、推拉等，可以让用户在虚拟世界中获得更加真实的体
验。方向系统、语言系统及表达系统的设计也对增强用户的沉浸体验至关重要，

方向系统通过模拟现实世界中的导航和定位，帮助用户在虚拟环境中自如地移动和探索。语言系统的设计则是关于如何通过文字、符号和语音等方式有效地与用户沟通。表达系统则关注于用户如何在虚拟环境中表达自己，包括角色定制、情绪表达等。

（二）虚拟化历史文化名城的实现流程

在将历史文化名城中的街区进行虚拟化的过程中，面对的挑战不仅是技术层面上的，还包括了解使用用户的需求。这一过程不单单依赖于软件与硬件的先进技术，更加需要通过细致的调研与实地考察来捕捉和记录每一个文物保护单位和历史建筑的独特信息及其背后深厚的历史文化底蕴。对于历史文化名城来说，每一个街区、每一座建筑乃至每一块石头都可能承载着丰富的历史信息和文化价值。因此，实现这些街区的虚拟化，首要任务是进行大规模的调研工作，这包括但不限于收集相关的历史文献、图纸和口述历史等。通过对这些资料的收集与分析，研究人员可以更好地理解这些建筑和街区的历史背景、建筑特色及文化意义。在此基础上，实地考察成为确保虚拟化质量的关键一步。研究团队需要亲自走访这些历史文化名城，对每一处文化遗产进行详细的测量和记录，确保虚拟环境中重现的建筑和街区尽可能地贴近真实情况。在实地考察的过程中，照相机、摄影机及三维扫描技术都是不可或缺的工具，它们能够帮助团队成员捕捉到建筑的细节之处，从而在虚拟化过程中精确地还原。虚拟化实践流程如图 5-6 所示，其涵盖了从前期调研、实地考察到后期的数据处理和虚拟环境的构建等多个环节。这一流程旨在保证所创建的虚拟化的历史文化名城不仅在视觉上与现实世界相似，更重要的是能够反映出每一处文化遗产的独特历史和文化价值。通过这种

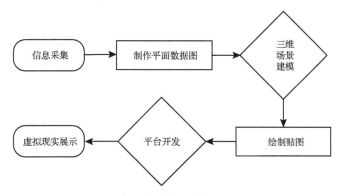

图 5-6　河南历史文化名城虚拟化实践流程

方式，虚拟化不仅使得公众足不出户便可以访问和学习这些珍贵的文化遗产，同时也为历史文化的保护和传承提供了新的途径。

1. 信息采集

这一实践不仅要求技术人员对街区的规划范围、地形地貌、建筑风格等进行全面而深入的分析，还要在此基础上运用创新的表现技术，既能忠实地还原历史文化，又能激发公众对这些文化街区的兴趣。为此，项目启动之初的信息收集和研究阶段显得尤为关键。理解和分析城区的规划范围、地形地貌、建筑特色等，是虚拟化的首要任务。这不仅涉及对城区整体布局的把握，也包括对每一座建筑物的风格、结构乃至细节特征的精确捕捉。这样的分析工作为之后的虚拟化提供了坚实的基础，确保了最终产出既能反映出历史文化的真实面貌，又能以新颖的形式呈现给公众。在具体的执行阶段，调研和实地考察是不可或缺的步骤。通过查阅相关的文物保护单位和历史建筑资料，团队可以初步了解目标城区的历史背景和文化价值。对于那些资料不足且不易获取的研究对象，更需投入大量的精力和资源，采取更为周全的方案进行深入的实地考察。这一过程中，细致的现场记录成为保证虚拟化精确度的关键。实地考察阶段，拍摄与测绘的结合使用是记录城区和建筑特征的有效方式。测绘主要通过卷尺、测距仪等传统工具，完成对建筑物尺寸和街道布局的精确测量，而拍摄则负责捕捉建筑的结构信息、细节特点及材质特征，以图片和影像的形式进行记录。这些详细的现场资料是后续模型搭建和贴图绘制工作顺利进行的重要基础。

2. 制作平面数据图

在三维场景模型搭建的过程中，平面数据图的作用不容小觑。这种图形不仅为设计提供了直观、明确的参考，而且能够极大地提高模型搭建的效率和准确性。要实现这一目标，前期收集的测绘数据和拍摄记录信息的整合与转化至关重要。前期测绘与拍摄的数据是三维场景构建的基础，但这些信息往往是零散和未经加工的，直接使用这些数据进行模型搭建会面临诸多不便。因此，将这些基础数据进行有效整合，是模型搭建工作顺利进行的前提。整合过程中，不仅需要将测绘数据与拍摄信息进行对比验证，确保数据的准确性，还需对信息进行系统的分类和整理，以便在模型搭建时能够快速查找和应用。然而，直接按照现实世界的比例和细节进行三维模型搭建，在某些情况下可能并不完全可行。这可能是由于技术限制，如处理能力和存储容量的限制，也可能是出于设计上的考量，如为了强调某些特定的视觉效果而故意夸大或简化某些细节。因此，在整合前期数据并转化为平面数据图时，根据实际需要对数据进行合理的调整和创新性再造成为一个必要的步骤。平面数据图的创建，是将这些整合后的数据转化为一种直观且易于理解的形式，便于设计师在三维建模软件中使用。通过将这些数据图形化，设计师可以在软件中的正交视图下，更加准确快捷地搭建出预设计的平面图效果。这不仅提高了工作效率，也确保了设计的准确度和最终模型的质量。

3. 三维场景建模

在创建虚拟历史文化名城的三维场景时，Maya 和 3DS Max 这两款行业内广泛使用的软件成为了主要的建模工具。面对虚拟历史文化名城这类复杂且细节丰富的场景，工作量巨大且对精确度的要求极高。在这一过程中，一个关键的挑战是如何在确保模型细节的同时，避免因模型数据量过大而导致的虚拟平台运行缓慢，进而影响用户的沉浸式体验。为了克服这一挑战，应采用次世代建模技术中的高低模互导法线信息技术。这种方法的核心在于利用低多边形模型来模拟高多边形模型的细节，通过烘焙法线的方式将高模型的细节信息传递给低模型。这样不仅大幅度减少了模型的数据量，降低了对硬件的要求，同时还能在视觉上保持高度的真实性和细节表现力。该技术的实施分为以下关键步骤：一是模型的改线布线操作，这一步骤要求设计师对模型的线条进行优化调整，确保其既能精确地捕捉到原始模型的形状，又能以尽可能少的面数完成。二是模型拓扑过程中，设计师将对模型的结构进行重新组织，使之更适合于动画和游戏引擎的要求，同时保证模型的细节不会因为拓扑过程而丢失。三是烘焙法线是将高模型的细节信息转移到低模型的过程，通过这一步骤，即使是在较低的多边形计数下，模型也能展现出复杂的细节效果。烘焙过程需要精确的技术操作，以确保高模型上的细节如纹理、光影等能够无损地转移到低模型上。

4. 绘制贴图

在三维场景建模的过程中，一旦完成了低模型的构建并获取了法线贴图，下一步便是进行贴图的绘制工作，这一阶段的目标是赋予场景以尽可能真实的视觉效果。为了实现这一目标，Photoshop 和 Substance Painter 成为了绘制贴图的首选软件，各自凭借其独特的功能和优势，在贴图绘制过程中扮演着重要角色。Photoshop 作为一个广泛应用于图像处理和编辑的软件，它在贴图绘制中主要用于创建特定的纹理和街道标识等细节。其强大的图像编辑功能使得设计师可以直接使用或修改实际照片，或者完全手工绘制出需要的纹理和标识，从而实现与现实世界高度相似的视觉效果。例如，通过 Photoshop 可以精细地模拟街道上的磨损痕迹、墙面的裂缝或是历史建筑上的风化纹理，这些都是提升场景真实感的关键细节。Substance Painter 则是在三维贴图领域内一款革命性的软件，特别是在基于物理的渲染（PBR）流程中表现出色。它允许设计师以直观的方式在模型上绘制贴图，并实时预览复杂的光照和材质效果。Substance Painter 提供了一套丰富的工具和材料库，能够创建多种类型的贴图，如漫反射贴图、高光贴图和环境光遮挡贴图等，这些贴图共同作用于模型上，能够细致地模拟出材料的凹凸感和在光照下的变化，从而极大地提升了模型的真实感和立体感。通过结合使用 Photoshop 和 Substance Painter，可以实现从微观纹理的细节到宏观场景的整体光照效果的全方位贴图绘制。Photoshop 的精细编辑能力和 Substance Painter 的高效、直观的 PBR 贴图创建相互补充，共同构建出接近真实世界的虚拟场景。

5. 平台开发

在虚拟平台的开发过程中，选择合适的游戏引擎是确保项目成功的关键。Unity3D 和虚幻引擎是目前最受欢迎的两款游戏开发引擎，它们各自拥有强大的功能和灵活的应用范围。本章选择了虚幻引擎作为开发工具，原因在于其在图形表现、光照效果及物理模拟方面的卓越性能，非常适合开发要求高质量视觉效果的虚拟历史文化街区平台。开发虚拟平台涵盖多个关键步骤，确保最终的虚拟环境能够真实反映实际情况需要前期考察和采集信息。编辑地形地貌是初始且重要的一步，这要求开发者根据实地考察所获得的数据精确地重建虚拟环境中的自然景观，如山脉、河流、平原等。虚幻引擎提供了强大的地形编辑工具，可以模拟出复杂的地形细节，为后续的场景布局打下坚实的基础。之后是光照和植被的布置，这两者对于营造一个真实感强烈的虚拟环境至关重要。虚幻引擎中的光照系统支持多种光源类型，并能实现复杂的光照效果，如软阴影、反射、散射等，这些都有助于增强场景的真实感和视觉深度。同时，通过植被系统，可以在虚拟环境中添加各种植物，从而提升场景的丰富度和细节感。场景模型的导入和整合作为另一个关键环节，这一步需要将之前在 Maya、3DS Max 等软件中制作并优化的模型导入到虚幻引擎中，并进行合理布局与整合。虚幻引擎支持多种文件格式的导入，使得这一过程相对顺畅。导入的模型包括建筑、街道、人物等，需要在虚拟环境中被精确地定位，确保每一个元素都能呈现在最终的场景中。

6. 虚拟现实展示

在虚拟历史文化街区的开发过程中，选择虚幻引擎作为主要的开发工具，意味着开发者将利用其强大的功能和灵活性来构建和渲染复杂的三维场景。完成地形地貌编辑、光照布置、植被设置及场景模型导入和整合之后，接下来的步骤是对整个系统程序进行测试。程序测试是确保虚拟环境稳定运行，这是用户体验流畅的关键步骤。在这一阶段，开发团队将专注于检测和修复可能存在的技术问题，这包括但不限于场景与交互的冲突、图形渲染错误、系统兼容性问题等。确保场景中的每个元素都能按预期工作，不仅需要技术的精确性，还需要对用户体验的深刻理解。随着测试的深入进行，不断的调整和优化也同步展开，以达到最佳的性能和视觉效果。这一过程可能会涉及对灯光设置的微调、植被分布的优化，或是场景模型细节的调整等，以确保最终呈现的虚拟历史文化名城既真实又引人入胜。测试和优化完成后，下一步是将开发好的虚拟历史文化街区进行打包，以适配不同的平台和设备。虚幻引擎支持多平台发布，使得开发者能够根据目标用户群体的需求，选择最合适的打包文件形式。无论是 iOS 系统、Android 系统还是 VR 系统，虚幻引擎都能提供相应的解决方案，确保虚拟历史文化名城能够在广泛的设备上顺畅运行。选择多平台打包的策略，不仅扩大了虚拟历史文化街区的可访问性，也为不同设备的用户提供了接触和体验丰富历史文化的机会。这种策略充分展示了虚拟技术在文化传承与教育普及方面的巨大潜力，通过精心设计和技术实现，使得用户能够跨越时间和空间，亲身体验历史文化的独特魅力。

第二节　3D 扫描与建模技术应用

一、建设思路

历史文化名城的数字化建设是一个系统且复杂的工程，旨在通过信息技术的手段，实现对城市历史文化遗产的保护、传承与合理利用。信息技术不仅涉及庞大的数据体系建设，也包括多功能的系统平台建设，以满足管理部门、科研专家和社会公众等不同用户群体的需求，具体如图 5-7 所示。

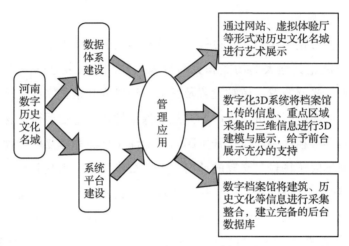

图 5-7   河南数字历史文化名城建设 3D 扫描与建模技术应用总体思路

二、数据体系建设

（一）历史文化名城保护数据库建设

历史文化名城的保护与传承是一项复杂而重要的任务，其中数据库的建设起着基础且关键的作用。依据《历史文化名城保护规划》的指导原则，历史文化名城保护数据库的建设需从多个层面进行着手，包括市域、历史城区、历史文化街区（历史文化保护区）、文物古迹四个关键层面。通过对这些层面的数据进行划分、收集、整合与标准化，可以构建一个全面、系统的历史文化名城保护数据库，为文化遗产的保护与管理提供坚实的信息支撑，数据库的结构组成及相关信息如表 5-1 所示。

表 5-1   河南历史文化名城保护信息数据库

类别	数据库名城	备注
旧城范围	旧城范围线	旧城范围线
历史城区	历史城区范围线	历史城区范围线
历史文化名镇名村	历史文化名镇	核心保护范围 建设控制地带
	历史文化名村	
	历史文化街区	
	历史风貌区	
文物保护单位	文物保护单位	国家、省、市级的文物保护单位，文物普查线索，地下文物埋藏区

类别	数据库名城	备注
历史建筑	历史建筑	根据相关文件进行管理的重要景观控制地带
其他保护信息	—	古树名木等

(二)名城保护三维数据采集

历史文化名城的三维数据采集是保护和传承文化遗产的关键步骤,涵盖了历史建筑、文化街区、风貌区、文化名镇名村和传统村落等关键元素。这一过程通过先进的三维激光扫描仪和高清全景相机进行,确保在建设区域内完成高质量的数据采集工作。采集到的数据经过图像处理软件、绘图软件及三维建模软件的处理,转化为精细的三维模型和全景影像,从而为数字历史文化名城保护信息平台提供丰富的信息。在这个框架中,三维激光扫描技术被用于对重要历史建筑进行三维扫描测量和精细建模,以精确记录其尺寸、形态和细节。对于大范围的历史文化名镇名村,采用移动测量车进行三维场景扫描和建模,这一过程不仅效率高,而且能够捕获更加广泛的空间信息。对全景摄影技术的应用,为用户提供了一种沉浸式的观看体验,使人们能够全方位了解到文化遗产的现状。从三维激光扫描技术到移动测量车,再到全景摄影,每一种技术都针对不同的采集目标和需求设计,以确保数据的全面性和精准性。对这些技术的应用,不仅增强了历史文化名城保护的科学性和系统性,而且为后续的保护、研究和利用提供了强有力的技术支撑。

三维激光外业数据采集技术是历史文化名城保护和研究领域中的一项革命性技术,它通过高精度的激光扫描仪对目标区域进行扫描,收集大量精细的空间数据。对这种技术的应用不仅能够为历史建筑和文化遗产的保护提供精确的三维模型,还能够在城市规划、历史研究等多个领域发挥重要作用,该技术的具体操作流程如图5-8所示。

通过图5-8不难发现,该操作中现场踏勘与设计扫描路径是整个数据采集过程的基础。在这一阶段,专业人员须对目标区域进行详细勘察,考虑到地形、建筑特征及环境因素,合理规划扫描站点和路径。目的是在尽可能减少扫描站点的同时,确保收集到的数据全面覆盖目标区域,捕捉到每一个细节,从而提高数据采集的效率和质量。激光点云数据的获取是技术实施的核心部分,在设置好扫描仪器并调整至最佳参数后,仪器将对指定区域进行高精度扫描,生成大量的

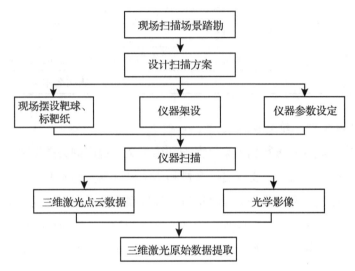

图 5-8　激光点云数据采集流程

点云数据。这些数据能够精确描述目标物体的几何形状与空间位置，为后续的数据处理与分析提供了丰富的原始信息。选择最优的扫描参数，既能保证数据的精度，又能在保障项目需求的前提下提高工作效率。光学影像数据的获取补充了激光点云数据的纹理信息，通过仪器内置的高清相机捕捉物体表面的详细纹理，这些影像数据与点云数据结合后，可以生成具有高质量纹理信息的三维模型（见图 5-9）。这一步骤对于还原建筑物的颜色、材料特性及历史痕迹至关重要，使最终的三维模型更加生动和真实。

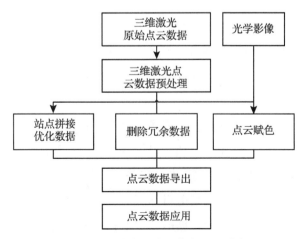

图 5-9　三维激光点云数据处理流程

三、系统平台建设

（一）系统设计

1. 总体框架

历史文化名城保护的有效实施，离不开高效的信息管理和应用系统。"历史文化名城保护综合信息管理系统"是一个多层次、全面的管理框架，旨在通过科技手段，实现对历史文化名城保护过程中各类数据和资源的高效管理与应用，从而提升历史文化名城保护和利用的水平。该系统的总体框架分为几个关键层次，具体如图 5-10 所示。

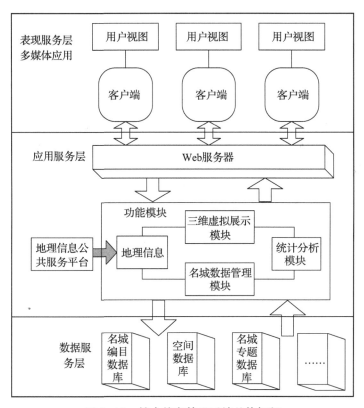

图 5-10　综合信息管理系统总体框架

（1）数据服务层。

数据服务层由空间数据库、名城编目数据库、名城保护专题数据库、业务专题数据库、基础地理数据库和系统数据库等多个组成部分构成，每个数据库承担着独特而关键的功能，确保了数据的全面性、系统性和实用性。名城编目数据库是该层次的基石，其主要任务是汇集并存储历史文化名城的四大类文化保护信息，包括市域、历史城区、历史文化街区（保护区）和文物古迹相关信息。这一数据库作为文化名城保护的数字档案库，为管理者提供了一个全面了解和精细管理城市文化遗产的基础平台，实现了对历史文化名城宝贵资源的有效梳理和管理。名城保护专题数据库则着重于存储名城保护相关的视频、图片、三维模型等多媒体信息。这些专题信息数据为历史文化名城的数字化展示和虚拟重现提供了丰富的原始材料，增强了历史文化名城保护与展示的视觉效果和互动体验。业务专题数据库支持业务单位在日常工作中进行信息的采集、上报、审核和发布，以及进行监测等业务活动。这一数据库提供了一个实时、动态的信息管理与交流平台，促进了各相关部门间的协调与合作。基础地理数据库负责存储地区的传统基础地理空间数据产品，如数字高程模型（DEM）、数字正射影像图（DOM）、数字线划地图（DLG）等，同时还包含了三维点云数据、可量测全景影像数据等新型地理空间数据。这些数据为历史文化名城的保护、展示和研究提供了基础支撑，使得历史文化名城的保护工作能够更加科学和精确。系统维护数据库是保障整个信息管理系统稳定、安全运行的后盾，提供了系统管理维护所需的所有支持数据。

（2）应用服务层。

应用服务层是系统架构中至关重要的一环，其主要功能是提供稳定运行的平台软件支持，并构建一个平台共享服务体系接口，以便于上层的各个专业应用系统能够稳定、高性能地运行。这一层涉及多个核心平台软件，包括但不限于地理信息服务平台、工作流引擎、规则引擎、应用开发报表表单、Web 中间件及搜索引擎等。地理信息服务平台在这一体系中扮演着基石角色，它使得对地理空间数据的高效索引和分析成为可能，从而为历史名城保护数据的挖掘和应用提供了强有力的地理信息支持。这一平台的实现，能够帮助管理者更加准确地理解历史文化名城区域内各类文化资源的分布情况，进行有效的空间分析，为保护规划和决策提供科学依据。工作流引擎和规则引擎是优化内部管理流程、提高工作效率的重要工具，通过工作流引擎，可以将复杂的业务流程自动化，确保业务流转的准确性和高效性；而规则引擎则能够根据预设的业务规则自动处理业务决策，使得业务处理更加智能化和灵活。应用开发报表表单、Web 中间件、搜索引擎等平台软件则进一步为各个应用子系统提供了功能支持，这些工具和服务不仅为系统的日常运营提供了基础设施，还大大降低了应用开发的难度，加快了系统的响应速度，提高了用户的使用体验。

（3）表现服务层。

该层通过先进的技术手段，将复杂的数据服务以直观、易于理解的方式展现给用户，旨在提高数据的可访问性和利用效率，同时增强用户的参与感和体验度。历史名城保护数据的服务接口主要采用 WebService 接口进行发布，这种方式允许系统以开放的形式共享数据，确保了数据服务的广泛可用性。任何需要访问这些数据的应用程序都可以通过网络调用 WebService 接口，实现数据的互联互通。这种做法大大拓展了数据的应用场景，为多样化的历史名城保护应用提供了坚实的数据支撑。之后地图数据服务接口则主要通过 OGC（Open Geospatial Consortium）标准发布及调用地理信息服务接口，OGC 标准的采用保证了地图数据服务的兼容性和互操作性，使得系统能够轻松集成多种地理信息服务，并提供标准化的地图数据访问方式。这种方式不仅为用户提供了丰富的地理信息资源，还为历史名城保护的空间分析和决策支持提供了强有力的技术保障。平台的系统架构主要基于 B/S（Browser/Server）模式，采用脚本 /RIA（Rich Internet Application）运行库框架如 Flex 和 Flash，来增强网页的互动性和用户体验。通过使用 JS 控件、全景控件、视频控件、虚拟场景控件和地图浏览控件等前端封装的开发框架及控件，平台能够提供丰富多彩的视觉展示和交互方式，满足用户对信息展现形式的多样化需求。应用交互界面设计方面，在前端开发框架与控件的基础上，根据业务需求封装的应用人机交互界面，系统实现了与用户高效、直观的交互。这些交互界面不仅简化了用户的操作流程，使得复杂的数据查询和分析变得易于操作，而且通过视觉化的数据展现和交互式的操作体验，极大地增强了用户的参与度和满意度。

2. 功能设计

构建数字历史文化名城系统是对文化遗产保护与展示方法的现代化升级，旨在更高效、直观地管理和展现名城的文化财富。该系统的功能设计围绕着历史文化遗产的数字化记录、管理、研究与公众教育等核心需求进行规划，以便实现对历史文化资源的全方位保护和利用，具体如图 5-11 所示。

（二）系统实现

项目组选择 Visual Studio 2010 和 ASP.NET 作为开发工具和平台，基于服务导向架构（SOA）进行系统搭建。SOA 架构是一种可以独立于开发语言、平台和协

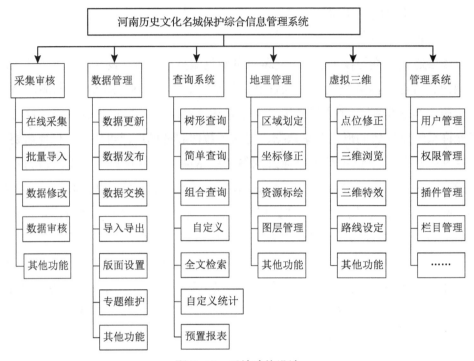

图 5-11　系统功能设计

议的架构模式，它允许从不同来源构建应用组件（称为服务），这些服务可以通过网络在不同的应用之间被重用。采用 SOA 架构的优势在于它的灵活性、可重用性和可扩展性，确保了系统在未来可以轻松集成新的服务或与其他系统交互。数字历史文化名城的核心功能之一是三维展示，该功能采用虚拟现实技术实现。虚拟现实（VR）技术能够创建和体验虚拟环境，为用户提供沉浸式的感受。通过 VR 技术，本系统能够以三维形式精确重现名城的历史建筑、街区风貌和文化场景，让用户如同身临其境一般体验名城的历史与文化。此外，三维展示还能展现名城保护对象的保存现状，对于教育公众、提升保护意识、辅助专业人士进行研究分析等方面具有重要价值。系统的虚拟仿真部分不仅限于静态展示，还包括交互式功能，如虚拟导览、历史事件重现、文化遗产互动体验等。这些交互式功能进一步丰富了用户的体验，使得对文化遗产的传播更加生动和有效。在技术实现方面，项目组通过精心设计的数据结构和算法，保证了系统的高性能和响应速度，确保用户能够流畅地在虚拟环境中进行探索。同时，考虑到系统的开放性和可扩展性，项目组采用了模块化设计，便于将来根据需要添加新的功能或服务。

第三节　大数据分析在河南历史文化名城保护规划中的应用

一、"数字历史文化名城"信息管理平台设计

在当今数字化时代背景下，建设一个全面的"数字历史文化名城"信息管理平台成为历史文化名城保护和研究的重要需求。这样的平台不仅能够为专业人员提供强有力的工具，还能让公众更加直观地了解和体验名城的历史文化价值，从而提高对保护工作的认识和支持。该平台基于先进的数据库技术，整合了大量的历史文化名城相关的空间数据和属性资料。通过高效的数据管理系统，平台能够系统地收集、整理、存储和展示历史文化名城中的各种重要信息。其中，空间数据涵盖了历史文化街区、文物古迹、历史建筑等多方面，详细记录了每一处遗产的位置、规模、风格等关键信息。属性资料则包括名城的区位概况、历史沿革、保护规划、非物质文化遗产名录等内容，能够全面呈现名城的历史文化背景和保护现状。

（一）价值诠释

历史文化名城信息管理平台能够系统地收集、整理和存储名城中的各类重要信息，通过对名城的历史文脉、城市格局、街巷肌理、建筑风貌及人文特色的全面记录，平台不仅使这些宝贵的文化资源得到有效保存，还为专业人员提供了精确的数据支持，从而在规划、修复和管理过程中做出更为科学合理的决策。信息管理平台的建立还可以实现对历史文化名城信息的快速更新和有效监管，随时反映城市变化的实时数据和状态，使得相关部门能够及时掌握保护区域内的最新动态，有效预防和减少可能对文化遗产造成破坏的行为，确保历史文化资源的完整性和真实性。通过数字化展陈，信息管理平台使得广大公众能够方便地接触和了解名城的历史文化。精美的视觉呈现、互动式的体验设计极大地吸引了公众的兴趣，提高了人们对历史文化遗产保护的认识和自觉。同时，平台也为文化教育和传播提供了丰富的资源，促进了历史文化知识的普及。信息管理平台为名城特色文化遗产的更广泛传播提供了强有力的平台，通过网络和新媒体的力量，名城的文化价值不仅在本地区甚至国家范围内得到推广，还能跨越地域界限，吸引全球范围内对历史文化感兴趣的人士进行探索和学习。这种跨时空的文化传播，不仅

增强了文化遗产的国际影响力，也为文化旅游和国际交流开辟了新途径。

（二）技术路线

在当前数字化时代背景下，对历史文化名城的保护与传承显得日益重要而紧迫。为了实现这一目标，开发"数字历史文化名城"信息管理平台成为了一种创新且有效的策略。该平台设计汇集了建筑学、城市规划及遥感测绘等多个学科领域的专业力量，实现了多专业、跨学科的技术融合，为历史文化名城的数字化保护与管理提供了强有力的支撑，该平台设计的具体技术路线如图 5-12 所示。

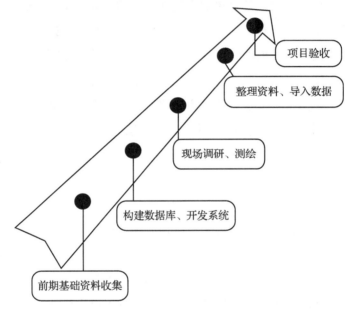

图 5-12　河南"数字历史文化名城"平台建设基本流程

1. 三维技术建模

在"数字历史文化名城"项目的实施过程中，三维技术建模发挥了核心作用，为历史文化名城的数字化保护和展示提供了坚实的技术基础。这一过程不仅涉及城区内主要建筑物的数字化复原，还包括城市地下信息的收集，使得历史文化名城的数字化展示更加全面和深入。三维技术建模的具体操作步骤为：利用三维激光扫描技术进行现场数据采集，这一技术能够高精度、高效率地收集建筑物的几何信息。通过在不同位置布置激光扫描仪，可以全面覆盖目标建筑物，确保数据的完整性和准确性。此外，三维遥感技术也在数据采集过程中发挥了重要作用，特别是在获取城市地形、环境布局等宏观信息方面。随着技术的进步，对城市地下信息的收集成为可能。这包括地下管线、地基基础、历史遗迹等重要数据。通过地面穿透雷达（GPR）等技术，可以有效地探测和记录地下结构，为历史文化名城的全面数字化提供更加丰富的信息维度。在此之后，要将收集的原始数据通过专业软件进行处理，包括点云数据的清理、拼接和优化等。随后，利用三维建模软件将处理后的数据转换成三维模型，这一过程需要详细模拟建筑物的结构细节、材质特性等，以确保模型的真实性和精确性。此外，地理信息系统（GIS）技术在处理和整合各类空间数据方面也显示出其强大的功能，为后续的信息管理和应用提供了便利。

2. 三维技术虚拟仿真系统

基于实体城市的三维数字模型，通过运用先进的虚拟现实（VR）技术，项目建立了一个能够精确再现城市历史地段或特色街道的虚拟仿真平台。公众可以通过这个平台以高度互动的方式深入了解名城的历史文化，体验城市的历史氛围。该虚拟仿真平台还集成了空间数据库，使得用户不仅可以在线访问"数字历史文化名城"，还可以从多个视角和维度对城市的历史文化资源进行探索和学习。另外，平台的后台管理系统为管理员提供了一个强大的数据监管、分析和资源共享的工具，使得历史文化名城的保护与管理工作更为高效和科学。通过这种方式，可以实现对历史文化名城的自然环境和人文资源的全面管理，促进历史文化名城的可持续发展。

3. 空间数据库

空间数据库的构建过程涉及多个阶段和技术：一是通过三维激光扫描技术，对历史文化名城中的重点区域，如历史街区、古建筑群等进行高精度的数据采集。这一步骤要求技术人员对扫描设备进行精确的布置和操作，以确保数据采集的全面性和精确性。二是将所采集到的海量点云数据通过专业的数据处理软件进行分析和处理，转化为三维模型，从而为历史文化名城的传统风貌特征恢复提供了坚实的数据基础。"数字历史文化名城"数据库作为一个空间数据库，其最大的特点在于历史文化名城的空间位置信息与属性信息的有机结合。这种结合使得数据库不仅能够存储历史文化要素的静态信息，还能够通过三维技术动态呈现城市的历史地段和文物建筑，为城市的历史文化遗产提供了一个全新的展示和分析平台。此外，该数据库还能够对收集到的空间数据进行深入的分析和处理，支持包括数据采集、存储、编辑、检索在内的一系列高级功能，这在很大程度上优化了历史文化名城的管理和保护工作。在具体应用方面，"数字历史文化名城"数据库能够为历史地段、文物建筑的保护提供强有力的技术支撑。它不仅能够通过空间表达技术精确地展现文物建筑的位置和形态，还能够存档大量历史资料，包括文字记录、图片、视频等，从而形成一个全面、多维的历史文化资料库。此外，数据库还能够标准化勘察信息，评估文化遗产的保存状况，为保护决策提供科学依据。"数字历史文化名城"数据库的建立，使得历史文化名城的规划与设计工作能够在更科学、更精确的基础上进行。通过对空间数据的全面分析和挖掘，规划者和设计师可以更加深入地了解城市历史文化要素，并以此为基础进行规划设计，科学指导历史文化名城的保护监管工作。同时，数据库还提供了勘察设计、保护计划指定、在线管理等功能，使得历史文化名城的保护工作更加系统化、规范化。

二、设计框架

在大数据时代背景下，历史文化名城的保护与发展面临着新的机遇与挑战。为了更好地保护、管理和利用这些宝贵的文化遗产，构建一个综合性的信息管理平台显得尤为重要。这样的平台不仅需要处理和存储海量数据，还要具备强大的数据分析能力，能够对历史文化名城进行动态监管，并通过交互式的方式，将文化遗产生动地呈现给公众和研究者。针对河南数字历史文化名城而言，具体设计框架如图 5-13 所示。

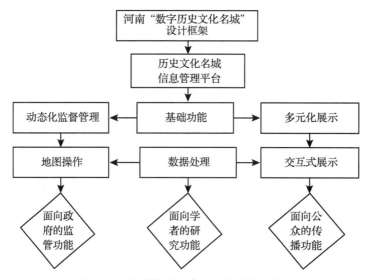

图 5-13　河南数字历史文化名城设计框架

（一）数据处理

数据处理是"数字历史文化名城"信息管理平台的核心功能之一，通过收集、整理和分析各种与历史文化名城相关的数据，平台能够为用户提供关于历史文化名城的详尽信息，包括但不限于城市的历史背景、文化遗产、建筑风格、艺术特色等。这些数据不仅来源于官方的历史文档和档案，还包括由地方学者、历史学家及文化工作者进行的各种研究成果。这样，平台就能够为用户提供一个全面、多角度的名城历史文化视图。为了确保信息的准确性和可靠性，"数字历史文化名城"平台在数据收集的过程中非常注重对信息来源的选择和数据的筛选。平台工作人员会严格筛查信息的来源，优先考虑那些具有权威性和专业性的资料。同时，通过对收集到的数据进行细致的分析和归纳，平台能够剔除那些不准确或者与主题无关的信息，确保用户能够获取到最精准、最有价值的内容。

（二）地图操作

地图操作功能在河南历史文化名城保护平台中的运用，使得对重点文物保护单位的动态监管成为可能。这是因为，通过三维地图的高效操作，管理人员可以直观地观察到各保护单位的具体位置、现状及其变化情况，从而实现实时的监管和管理。这种方式大大提高了管理效率和准确性，为文化遗产的保护提供了有力的保障。信息管理系统应采用统一的数据录入标准，这样的系统不仅包含了市域、历史城区、历史文化街区三个空间层次的数据，还实现了对这些数据的动态展示和分析。通过这个系统，河南历史文化名城保护体系现状得到了"全要素"的多层次管理和展示，大大提升了河南历史文化遗产保护的科学性和系统性。

（三）交互式展示

在构建历史文化名城信息管理平台的过程中，交互式展示作为其中的重要环节，其意义不仅是简单地传达信息，而是通过对多媒体技术的综合运用，将历史文化名城的历史风貌、传统格局和文物遗存以直观、动态的方式展现给公众，从而极大地增强了大众对历史文化的认识和感受。通过运用交互式设计和多媒体展示手段，平台不仅能够向社会大众呈现名城的独特历史风貌和丰富的文化底蕴，更重要的是，它能够有效地弘扬城市的特色文脉，让更多人了解和尊重历史文化遗产。例如，通过虚拟漫游、三维重现、数字故事讲述等方式，使公众能够身临其境般地体验历史文化名城的独特魅力，从而增加公众对传统文化的认同和尊重。交互式展示的设计可以强化人与历史文化的互动体验，让参与者不再是被动的信息接收者，而是能够通过互动参与到历史文化的学习、体验中来。观众可以通过点击、滑动等操作，探索不同的历史场景、了解文物背后的故事，甚至参与到虚拟的历史事件重现中，这种参与性和互动性极大地提升了文物展示的吸引力和教育意义。

第六章　河南历史文化名城数字化保护成功案例分析——以洛阳市为例

第一节　历史文化名城数字化保护的实践方案

一、需求分析

（一）目标任务分析

为了更加有效地保护洛阳古城，并广泛传播洛阳文化，通过构建一个集文化内涵和历史知识于一体的洛阳古城历史人文综合平台，搭建一个专注于古城利用、保护、传承的智慧应用系统显得尤为重要。此举旨在实现古城资源的数字化处理，以便于将整理后的各类古城数据资源在"一张图"上实现可视化展示，从而为公众提供更加直观、便捷的访问体验。在追求风貌的精细化过程中，重点放在高精度复刻洛阳古城的历史风貌上。通过结合先进的数字化模型和虚拟现实（VR）技术，实现对洛阳古城的虚拟复原与互动体验，旨在让用户能够穿越时空，亲身感受古城的历史韵味和文化底蕴。

在名士图谱化方面，以发掘和研究洛阳古城历史上的名人为主题，构建一个专门的名士数据库，重现那些在古城历史上留下浓墨重彩的人物风采。通过这种方式，不仅能够丰富人们对洛阳古城历史的了解，还能够深化公众对这座古城文化和历史价值的认识。为了实现信息的大众化，相关部门开发了一个 Web 端系统，使用户能够随时随地通过互联网访问这一平台，方便快捷地获取洛阳古城的历史、文化、人物等丰富信息。该平台致力于为游客、学者及其他各类受众群体提供一个全面了解洛阳古城的窗口，让他们从视觉和听觉上得到更为直观的感受。同时，通过实时互动功能，增强用户的体验感和沉浸感，使他们在探索洛阳古城的过程中获得更深刻的印象和理解。

（二）用户需求分析

在洛阳古城这片充满厚重历史与丰富文化的土地上，建立一个综合性的历史人文平台，不仅对于保护和传播洛阳文化具有重要意义，也为公众提供了一个深入了解这座古城的全新途径。这样一个平台的构建，必须以用户的需求为核心，明确定位普通游客、管理人员和研究学者这三类主要用户群体，以确保平台功能和内容的有效性和实用性。对于普通游客而言，该平台可以成为一扇开启洛阳古城深层次文化探索的大门。通过虚拟漫游、历史文化介绍等功能，用户不仅能欣赏到古城的自然风光和人文环境，还能深入了解洛阳古城的历史沿革、文化底蕴，从而在心中构建一份独特的洛阳记忆。因此，平台需要提供丰富多元的文化主题游览路线，以及对洛阳古城文化内容的深入挖掘和凝练，使游客能够深化对洛阳古城文化渊源和人文特点的理解。

对管理人员而言，该平台将是一个重要的辅助工具。通过集成高精度地理模型和详细展示遗址信息，管理人员可以全面了解古城的整体情况及古建筑保护的现状，从而更加科学地规划和执行古城的保护与更新工作。平台上的实时更新功能也能帮助管理人员掌握最新的古城保护进展，为古城的持续保护提供数据支持。研究学者则能够通过这一平台获得一个独特的研究视角。将历史沿革、风俗文化等史料融入数字化模型，并通过讲述富有洛阳本地特色的故事，为学者提供一个丰富的研究资源库。这样的平台不仅能够促进学者对洛阳古城历史文化的深入解读，还能为相关学者的历史人文研究提供便捷的工具。

二、总体设计

（一）总体架构

在设计洛阳古城历史人文综合平台的过程中，采取了一个分层的架构策略，以确保平台的稳定性、高效性和易用性。这个架构被划分为四个主要层次：支撑层、数据层、服务层和功能层。每个层次都承担着不同的角色和职责，共同构成了一个全面、互联的系统，能够有效地服务于洛阳古城的数字化展示、保护和研究。支撑层是平台的基础，它包含了软件和硬件两个部分。硬件部分负责收集洛阳古城的基础数据，如环境监测、实景拍摄等，为平台提供原始资料。软件部分则对这些基础数据进行预处理，包括数据清洗、分类和存储，同时负责生成全景图像、三维建模等内容，为上层的数据整合和应用提供支持。支撑层的高效运作确保了平台数据的准确性和实时性，为后续的数据应用奠定了坚实的基础。数据层是平台的核心，涵盖了属性资料、照片数据、全景数据及三维建模等各类基础数据。这些数据不仅包含了洛阳古城的历史文化信息，还包括了古城的地理位置、建筑特征、人文故事等内容。数据层通过结构化的方式组织和存储信息，便于服务层的调用和功能层的实现。服务层则是将数据层中整理好的信息进行加工、合成，提供给用户的服务接口。这一层包含了三维服务、全景服务、精品路线服务、地图服务等多种服务内容。通过这些服务，用户可以从不同角度、不同维度了解洛阳古城，如通过三维模型服务体验虚拟的古城漫游，或是通过全景服务欣赏古城的美景，以及通过精品路线服务获取定制化的参观路线等。功能层位于架构的最上层，直接面向终端用户，提供包括古城漫游、路线定制在内的多种交互功能。用户可以根据个人兴趣和需求，在平台上自由选择和定制游览路线，探索洛阳古城的历史文化。同时，功能层还提供了丰富的互动体验，如虚拟导游、互动问答等，增加了用户的参与感和体验感，具体如图 6-1 所示。

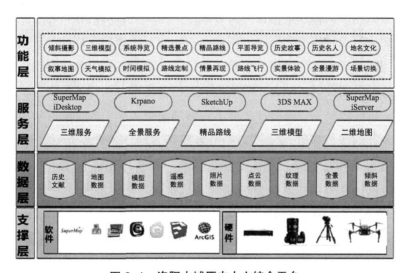

图 6-1　洛阳古城历史人文综合平台

支撑层是整个平台的基础，它由硬件和软件两部分组成。硬件部分主要包括 Z+F 5010C 三维激光扫描仪、携带广角鱼眼镜头的 Canon EOS 6D 相机和 SHARE-200S 倾斜相机。这些先进的设备分别承担着不同的任务：Z+F 5010C 三维激光扫描仪用于采集古城的点云数据，为后续的三维建模提供精确的基础信息；携带广角鱼眼镜头的 Canon EOS 6D 相机用于拍摄古城的全景照片，让用户能够通过全景图像感受古城的风貌；SHARE-200S 倾斜相机则用于采集倾斜摄影数据，这些数据能够帮助构建更为细致和全面的三维模型。软件部分包括了一系列专业的数据处理和服务发布管理工具，如 Z+F LaserControl、PTGUI、Krpano、3DS MAX、SuperMap iDesktop 及 SuperMap iClient3D 等。这些软件分别承担着对采集到的原始数据进行预处理、生成全景图像、三维建模、最终的服务发布和管理等任务。通过这些软件的配合使用，可以确保从原始数据到最终服务的整个处理流程的高效、准确。

数据层由图文数据和模型数据两大部分构成，每一部分都包含了丰富的内容和深厚的历史文化价值。图文数据是通过广泛的文献调研和实地考察收集而来，涵盖了洛阳古城的历史文化沿革、街巷布局、书院学府、宅院建筑及山水风光等多个方面。这些资料来源于各类文献、县志、地名志和人物传记，它们不仅记录了洛阳古城的历史变迁，还反映了古城的文化特色和社会风貌。此外，通过调研采访和实地拍摄，收集了大量的古城环境、建筑美学、风物特色的照片，以及与之相关的风情文物故事，这些图文数据丰富了平台的内容，为用户提供了直观的历史文化感受。模型数据则更侧重于古城的三维虚拟重建和全景展示，为用户提供了一个沉浸式的古城探索体验。通过三维激光扫描仪和倾斜相机采集的点云数据和纹理贴图数据，结合高精度的地理信息技术，构建了洛阳古城的高密度三维模型。这些模型不仅准确地还原了古城的历史风貌，而且能够从多角度展示古城的每一处细节。利用 Canon EOS 6D 相机携带的广角鱼眼镜头实地取景拍摄，通过 PTGUI 软件生成的全景平面拼接图，进一步通过 Krpano 工具转化成全景数据，使用户能够在虚拟环境中 360° 无死角地观赏洛阳古城的每一个角落。同时，采用数字航摄仪和倾斜摄影技术获得的航摄相片和 POS 数据，在 Z+F LaserControl 软件中进行处理，生成了超高密度的点云、正射影像 DOM 和倾斜摄影模型，为古城的三维虚拟重建提供了可靠的数据支撑。此外，还利用 SketchUp 和 3DS MAX 等三维建模软件，制作了古城复原模型数据。这些模型不仅重现了洛阳古城的历史面貌，也使古城的历史文化得以在数字世界中再现，为研究、教育和旅游提供了宝贵的资源。

在洛阳古城这片充满历史与文化的宝地上，为了更好地保护、传播其独特的历史文化遗产，建立了一个集文化内涵和历史知识于一体的历史人文综合平台。这个平台通过高级技术手段实现了洛阳古城资源的数字化处理，并提供了丰富的服务与功能，以满足不同用户群体的需求。服务层是这一平台的重要组成部分，它通过利用 SuperMap iClient3D 调用发布的三维服务，结合 Krpano 开发的全景漫游系统，为用户提供了包括三维服务、全景服务、精品路线服务和倾斜摄影服务在内的多种服务。这些服务使得用户能够从不同角度和维度全面了解洛阳古城的历史文化。

功能层则在数据和服务的基础之上，针对洛阳古城的历史人文和空间特色，开发了多种功能，以丰富用户的体验。这些功能包括：三维体验与全景漫游，用户可以通过三维模型和全景图像，体验身临其境般的漫游感觉，探索洛阳古城的每一个角落，欣赏其古建筑和文化景观。系统导览，提供系统化的导览服务，帮助用户更系统地了解洛阳古城的历史文化和地理环境，使得参观变得更加有序和富有教育意义。历史名人查找与浏览，通过这一功能，用户可以查询与洛阳古城历史相关联的名人信息，并了解他们的生平事迹，增进对洛阳古城历史的理解和感知。精品文化主题路线推荐与自定义，平台提供了多条精心设计的文化主题游览路线，用户还可以根据个人兴趣自定义游览路线，享受个性化的文化体验。叙事地图查看与景点推荐，通过叙事地图，用户可以直观地了解洛阳古城的历史变迁和重要事件，同时平台会根据用户兴趣推荐景点，优化游览体验。路线定制与模型漫游，用户可以根据个人喜好定制游览路线，通过三维模型漫游功能，深入了解古城的每一处细节。天气与时间模拟，这一功能让用户能够体验在不同天气和时间条件下的洛阳古城风貌，增加游览的趣味性和真实感。三维与全景展示，将三维建模技术和全景拍摄技术结合，提供更加生动、全面的洛阳古城展示，让用户能够获得更加丰富的视觉体验。

（二）数据库设计

数字化不仅能长期保存文化遗产的信息，还能提高信息的精确度和管理的便捷性，同时增强文化遗产的兼容性和可访问性。因此，创建一个洛阳古城档案数据库，对于保护古城的地方文脉、留存历史记忆及活化文化遗产具有重要意义。洛阳古城，作为我国历史上的重要城市之一，拥有丰富的文化遗产和深厚的历史文化沉淀。其城池遗址、街区文物、街巷建筑等都是珍贵的文化资源，值得我们通过数字化技术进行详细的记录和长期的保存。通过史料的分类入库、细节的拍照记录、模型的三维扫描及记忆的采访录制等手段，可以有效地收集、整理和保存洛阳古城的各类文化遗产信息。数字化记录的时效性长，意味着一旦文化遗产信息被数字化保存后，这些信息就能打破时间的限制，被长久地保存下来。这对于未来的研究者和公众来说，无疑提供了一个信息宝库。兼容性强意味着数字化的信息可以在多种平台和设备上被访问和使用，极大地方便了信息的传播和共享。精确度高和管理方便是数字化技术的另外两大优势，它们保证了文化遗产信息的准确无误及易于检索和管理。创建洛阳古城遗产档案资源空间数据库，是对洛阳古城文化遗产进行有效管理和深度挖掘的基础。这个数据库不仅是对洛阳古城历史记忆的保存，也是对其文化价值的一种再发现和再创造。通过这个数据库，不仅能为学者提供研究资源，增进对洛阳古城历史文化的了解和认识，还能为公众提供丰富的文化体验，增强研究人员对洛阳古城及其文化遗产的认同感和归属感。

为了有效地保护和传承这些珍贵的文化资源，开展洛阳古城的数字化工作显得尤为重要。通过对不同来源、不同类型、不同格式的资料进行精细的分类与采集，构建专题数据库模块，是实现这一目标的关键步骤。专题数据库模块的设计涵盖了自然景观、人文景观、建筑遗产、街巷地名、人物关系、历史事件、民风习俗等多个方面。这些数据不仅来源于图书馆、档案馆、博物馆、地方文化研究中心等传统文化资源机构，也来源于通过现代化技术手段采集的信息[1]。数据形式多样，涵盖了文字、图片、音频、视频等，经过整合处理后，形成了一个内容丰富、信息全面的洛阳古城历史人文资料大数据库。在建筑文物信息采集方面，技术手段包括无人机摄影、全景摄影、倾斜摄影、三维激光扫描、卫星遥感等，这些先进的技术手段能够从不同角度、不同层次对古城建筑遗产进行全面的记录。数据类型极为丰富，包括全景图片、正射影像、遥感影像、实景三维模型、点云数据等，这些数据的记录和整理，使得洛阳古城的建筑遗产得以在数字空间中得到精确的复现和长期的保存，具体数据表结构设计如表6-1所示[2]。例如，通过多种技术手段展示了白马寺的VR全景图，不仅提升了古城建筑遗产的可视化程度，也极大地丰富了古城建筑遗产的数字档案内容。这样的数据记录和展示方式，让公众能够通过互联网平台，随时随地感受到洛阳古城独特的历史韵味和文化氛围。在这一基础上，研究和开发数字古城建筑遗产共享平台，为洛阳古城的数字化建设和文化遗产的保护、传承提供了全面可靠的信息来源。这个共享平

---

[1][2]　李丹.南丰古城文化挖掘与数字化系统建设［D］.南昌：江西师范大学硕士学位论文，2021.

台不仅是文化遗产研究者的宝贵资源，也是普通公众了解和体验洛阳古城文化的重要窗口。

表 6-1　数据表结构设计

名字	数据模型
序号	int
建筑名称	varchar（10）
建成朝代	varchar（10）
相关人物	varchar（10）
简要介绍	varchar（50）
经度	decimal（9，6）
纬度	decimal（8，6）
所在片区	varchar（10）
街巷门牌	varchar（10）
占地面积	dccimal（4，2）
功能类型	varchar（8）
保护级别	varchar（10）
建筑特色	varchar（8）
照片路径	varchar（255）
模型路径	varchar（255）

（三）功能设计

在洛阳古城的历史人文与建筑模型结合的数字化平台构建过程中，根据需求分析，平台的功能被精心设计为四大核心模块：系统导览、故事洛阳、文旅洛阳和数字洛阳。这样的功能划分不仅充分考虑了用户的多样化需求，也旨在深度挖掘和广泛传播洛阳古城丰富的历史文化内涵，如图 6-2 所示。

图 6-2　功能设计

作为平台的首页，系统导览模块首先为用户呈现了洛阳古城空中俯瞰全景，通过这个全景图，用户可以对洛阳古城形成一个直观的初步印象：历史悠久且古建筑丰富。同时，该模块还展示了洛阳古城文化名片，通过对系统各个功能的设计和导览链接的便捷跳转，让用户能够轻松了解平台的具体功能及整个系统架构，从而快速找到自己感兴趣的内容。

故事洛阳模块通过自绘高精度地图并结合文化主题内容，以地图的形式讲述了洛阳古城街巷的文化渊源。这一模块不仅展示了古城的丰富美食，还深入讲述了洛阳古城的历史文化故事，使用户对洛阳古城的文化背景和历史变迁有了更深刻的理解和感受，从而形成了一个关于洛阳古城的深厚文化和物产多样性的印象。

文旅洛阳模块展示了洛阳杰出的名人，并提供了跳转进入洛阳名人资料库的链接；同时展示了包含多条文化主题旅游路线导览地图，并通过系列动画，让用户体验到洛阳古城不仅是人才辈出的地方，也是一个旅游胜地。这一模块的设计旨在促进洛阳古城的文化旅游发展，提升洛阳古城的旅游吸引力。

数字洛阳模块集成了各类模型数据，包括大场景地理模型、复原的洛阳古城模型、单体化的文保模型及720°全景等。此外，还融入了建筑信息和古城沿革等内容，并开发了人城互动功能。这一模块通过多样化的数据和信息，展示了洛阳古城风貌的完整性和开放包容的城市特质，让用户在数字化平台上能够全方位、多角度地了解和体验洛阳古城的独特魅力。

三、关键技术与数据处理

（一）倾斜摄影测量技术

这项技术以其高精度、低成本、快周期、处理简单及灵活性强等显著特点，为构建大场景地理三维模型提供了强有力的支持。通过一个垂直和四个倾斜的角度采集影像，再经过几何校正及一系列的运算处理，最终得到点云数据。利用这些数据，可以构建出一张连续的TIN三角网，并结合无人机拍摄的高精度影像，生成基于真实影像纹理的高分辨率三维倾斜摄影模型（见图6-3）。该过程涉及的技术和工具包括但不限于数码航摄仪、无人机、几何校正软件等，都是现代地理信息系统（GIS）和遥感技术的重要组成部分。通过这些技术手段，可以有效地捕捉洛阳古城的每一个细节，无论是城门、城墙还是古老的街道，都能以极高的精度和分辨率被还原和展现。洛阳古城的复原工作不仅依赖技术的支持，还需要文献记录、居民描述及专家考究。将这些历史文献与口述历史相结合，可以逐步确定洛阳古城池的轮廓，进一步明确古城的范围。在此基础上，建立了空间分辨率为 3 厘米的高精度实景模型，这一精度足以捕捉到古城遗迹的每一处细节，为古城的数字化保护和展示提供了坚实的基础。随着模型的建立和完善，将其导入 Super Map 并发布服务。这一步骤的完成标志着洛阳古城三维倾斜摄影模型的成功构建，为进一步的功能开发奠定了基础。这些功能可能包括虚拟漫游、历史重现、教育教学、科学研究等，为不同的用户群体提供了丰富的应用场景。通过倾斜摄影技术构建的洛阳古城大场景地理三维模型，不仅是一项技术上的创新，更是文化遗产保护和利用的重大进步。它使洛阳古城的历史遗迹能够以数字化的形式被长久保存，同时也为公众提供了一个全新的、互动式的历史文化学习平台。无论是对于历史文化的传承，还是对于现代教育和旅游的发展，洛阳古城的数字化项目都将产生深远的影响。

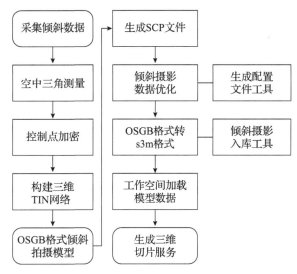

图 6-3　倾斜摄影模型制作与发布流程

（二）基于激光扫描的三维建模

在洛阳古城这一宝贵的历史文化遗产的保护与研究过程中，三维激光扫描技术提供了一种高效、准确且对古建筑无损害的测绘方法。这一技术能够间接接触测绘对象，获取真实准确的模型数据资料，极大地避免了对古建筑本身的物理接触和可能造成的损害。三维激光扫描仪的"所见即所得"的特性，能将古建筑的几何、颜色和纹理等信息真实记录下来，确保了信息的完整性和准确性，不会出现遗漏。针对洛阳古城内的省级文物保护单位进行详尽的三维激光扫描，包括留存的城门、古城墙、龙门石窟等重要文化遗迹。在这一过程中，使用了 Z+F 5010C 三维激光扫描仪，根据建筑物的特征和复杂程度，科学布置扫描站点和标靶点，从而获取精度高、质量合格的点云数据。此外，还利用相机与无人机拍摄建筑物的实景照片，用于后期的纹理贴图工作，这一步骤保证了建筑物模型的真实感和还原度。在后期处理阶段，采用 Z+F LaserControl 软件处理点云数据，生成了点云三维模型和点云切片数据。随后，使用 3DS MAX 和 Geomatic 软件进行精细模型制作与纹理贴图，这些工作的完成进一步提升了模型的精确度和视觉效果。最终，通过发布服务，使这些珍贵的三维数据得以广泛应用和共享，具体流程如图 6-4 所示。

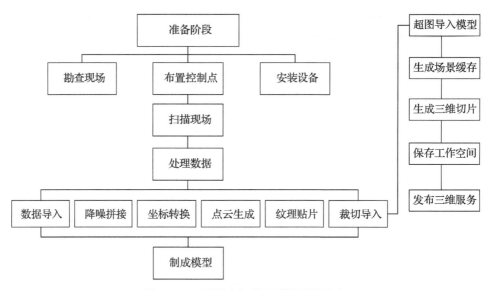

图 6-4　三维激光扫描建模流程及发布

（三）基于 SketchUp 的古城复原

SketchUp 是一种用户友好的三维建模软件，已广泛应用于古建筑的复原、虚拟现实技术的发展及重点文物的数字化资料管理等多个领域。对于洛阳古城这样一个具有深厚历史文化底蕴的地方，SketchUp 的功能完全符合古城复原的需求，能够帮助研究人员和技术人员高效、精确地完成古建筑及古城区域的三维重建工作（见图 6-5）。在使用 SketchUp 进行洛阳古城的数字化复原时，首先要在软件中添加洛阳的地理位置，并叠加古地图。这一步骤是整个复原工作的基础，可以帮助复原人员勾勒出古城的整体轮廓及"十字街"等主要道路的布局。其次，利用SketchUp 的推拉工具，根据史料记载的尺寸将城墙模型拉伸，对城门等关键建筑进行更精细的建模工作。在此基础上，还需要拍摄现存城墙的高清照片，并参照材料的纹理颜色进行仿真，以尽可能地还原当时的材质和质感。数字化复原不仅能将洛阳古城承载的历史记忆再现，而且通过精确的三维模型，可以让人们直观地感受到古城在不同历史时期的风貌变迁。按照这一流程，可以对所有重要历史时期的城墙进行建模。此外，将古城中的功能性建筑群模型加载到洛阳地形模型上之后，就可以构建出一个规模宏大的洛阳古城地理场景，不仅复原了历史街区的典型建筑，还重塑了街巷的空间形态。通过这样的数字化复原，洛阳古城的地方文化得以延续，其丰富的历史文化内涵能够在数字世界中得到新的展现。

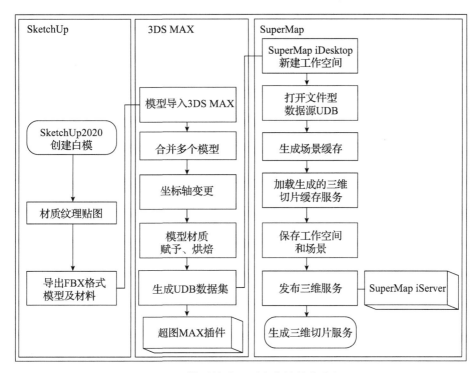

图 6-5　模型从建立到发布的基本流程

（四）全景开发技术

在洛阳古城的数字化展示和传播项目中，720° 全景技术起到了关键作用，为用户带来了更具逼真的临场感和沉浸感。与传统的 360° 全景相比，720° 全景能够提供一个无视角盲点的球面全景体验，全方位无死角地展示场景图像信息，让用户仿佛置身于洛阳古城的每一个角落，真实快速地感受到古城的历史气息和文化底蕴。在采集 720° 全景数据的过程中，使用了装配有广角鱼眼镜头的 Canon EOS 6D 相机，每个场景共拍摄 7 张照片。这些照片经过 Lightroom 统一调光处理，然后导入 PTGUI 软件进行合成切块。在此基础上，利用 Photoshop 软件对相机三脚架的位置进行补地操作，以确保全景图像的完整性和美观性。通过这一系列的技术处理，最终形成了高质量的 720° 全景图像。

基于 Krpano 技术制作的全景漫游系统，不仅允许用户在虚拟环境中自由漫游洛阳古城的每个角落，还能根据实际需求调整场景的初始角度和视野范围。系统中设置了不同场景方向的连接热点，使用户可以轻松地在不同场景之间切换，增加了用户的探索兴趣和互动体验。此外，通过 Krpano 语法的深入研发，平台还实现了动态雨雪特效、多媒体展示（嵌入热点图片、景点相关视频、景点解说音频、背景音乐）和 VR 等功能，进一步丰富了用户的视觉和听觉体验，提升了全景漫游系统的互动性和娱乐性。除了拍摄洛阳古城的建筑、街巷等历史场景外，项目团队还特别对洛阳博物馆进行了全景数据采集，制成了在线全景展馆。这一做法不仅将洛阳古城的文化遗产数字化，还将博物馆的珍贵展品通过数字平台展现给全世界的观众，极大地提升了洛阳文化遗产的传播力和影响力。

四、主要功能

（一）模型展示

在洛阳古城的数字化复原项目中，重点关注的对象包括独特的空间格局、多元的历史街区及古老的街巷地名。这一复原工作不仅旨在还原一个真实、精确的古城场景，同时也为空间分析和城市规划提供了重要的基础数据。通过采用倾斜摄影、数字复原和激光扫描技术，项目团队致力于制作各类高精度模型，以多角度展示洛阳古城的历史文化特点和建筑遗产的细节。倾斜摄影技术通过从多个角度获取影像，结合数字复原技术，能够重建起洛阳古城的三维空间格局。这种技术不仅可以捕捉到每个建筑物的详细外观，还能再现古城街区的历史面貌，使得古城的数字化模型不仅在视觉上极具真实感，而且在历史研究和文化传播方面具有重要价值。利用这些技术，古城的空间布局和建筑风貌得以在数字世界中得到精确再现，为用户提供了一个身临其境的历史体验。为了更好地保护和研究洛阳古城的重要建筑遗产，项目团队通过实地考察与文献阅读，对现存的历史建筑遗址进行了详细的资料收集。随后，利用三维激光扫描仪对这些建筑进行了单独的建模工作。三维激光扫描技术以其高精度和高效率的特点，能够精确地捕捉到建筑物的每一处细节，从而多角度、全方位地展示建筑的特点和其承载的历史文化内容。这些通过激光扫描获得的高精度建筑模型，不仅为日后的修复和保护提供了可靠的数据支持，也为历史学者和文化研究者提供了珍贵的研究材料。

在洛阳古城的数字化复原工作中，研究团队通过详细校对古地图、参观博物馆及访问当地居民等方式，积累了大量的研究基础。接着，运用 SketchUp 这一三维建模软件，对这座具有千年历史的古城进行了数字化复原。如今，洛阳古城中仍然保留着超过一千米的古城墙、两个城门及两百多栋明清时期的古建筑，这些建筑和遗迹成为了数字化复原工作的重要参考。洛阳古城的街巷格局清晰，城郭形态鲜明，这为界定古城范围提供了极大的帮助。同时，城内地势相对平坦，加上古代经济的繁荣和人口的密集，可以合理推断古城的建筑布局是严整且紧凑的。洛阳位于河南西部地区，地质以红色丘陵为主，富含红土红石，这种材料不仅易于开采和雕刻，而且作为建筑材料美观且牢固，因此在洛阳古城中被广泛应用于墙裙、门框等部位，形成了独特的地方建筑特色。复原工作中的一个亮点是对古代洛阳县署的三维模型重建。这个模型不仅展示了洛阳古人遵循礼制的传统，还展示了洛阳古城在政治、文化和社会生活等方面的历史面貌。这种复原不仅基于物质形态的重建，更重要的是对于洛阳古城居民生活方式、文化观念及社会结构的深刻反映。通过这些数字化复原工作，洛阳古城的历史面貌得以在数字世界中重新呈现。这不仅为洛阳古城的文化遗产保护和研究提供了新的视角和方法，也为公众了解和体验这座历史名城提供了全新的途径。数字化复原的洛阳古城，不仅是对历史的再现，更是一座活的历史博物馆，让人们可以穿越时空，亲身感受那个时代的文化气息和社会生活。

（二）全景漫游

该技术通过多角度拍摄然后利用计算机处理和缝合，最终呈现出 3D 虚拟展现的效果，极大地丰富了用户的视觉体验。特别是采用广角镜头的拍摄方式，能够最大限度地展现周边环境，带给用户一种身临其境的沉浸感。全景图片技术的一个显著特点是其极强的互动性。用户可以根据自己的喜好，从任意角度操控和观察场景，这种自由探索的体验对于提升用户参与感和满意度极为有效。在洛阳古城这样一个历史悠久、文化底蕴深厚的地方，对全景技术的应用，无疑为古城的文化传播和旅游推广提供了新的动力。

项目团队通过实地考察，精心选取了省级文物保护单位、室内博物馆、历史街巷等作为拍摄全景图片的目标。这些地点不仅代表了洛阳古城的历史文化精髓，也是吸引游客和研究者关注的焦点。例如，灵山寺作为洛阳古城的标志性建筑之一，其宏伟壮观的全景图像，能够让用户深刻感受到洛阳古城文化的魅力。全景图片的制作和展示，不仅为用户提供了一种全新的探索洛阳古城的方式，更重要的是，它搭建了一个虚拟的桥梁，将洛阳古城的历史文化与现代科技完美融合。用户通过网络就能够打破时空的限制，探索洛阳古城的每一个角落，感受每一处文化遗迹的独特气息。这种数字化的展示方式，不仅使得洛阳古城的文化遗产得到了更广泛的传播，也为文化遗产的保护与利用开辟了新的路径。

（三）路线规划

洛阳，作为我国历史上的重要都城，不仅拥有深厚的文化底蕴，还保存着大量的明清古建筑、城墙遗址及丰富的地方民俗文化。这些都是洛阳人文旅游的宝贵财富。为了更好地保护和利用这些资源，可以从点、线、面三个角度整合历史文化街区的旅游资源，规划出特产美食、古建文保路线，通过绘制文旅地图为游客提供丰富的旅游选择。洛阳的特产美食是游客体验当地文化的重要窗口，整合洛阳古城区内的特色小吃、传统饮食文化，为游客规划一条美食之旅。这条路线不仅能够让游客品尝到正宗的洛阳水席、洛阳牡丹饼等传统美食，还能够在品味美食的同时，了解其背后的文化故事和制作工艺。洛阳的明清古建筑和城墙遗址见证了这座古城的历史变迁，通过选择具有特色的历史建筑群等保存较为完好的文物保护单位，绘制一条古建文保之行。这条路线不仅展示了洛阳古城建筑的精美与独特，还能够让游客深入了解洛阳的书院文化、家族文化和商贾文化，体验这座古城深厚的文化底蕴。

五、系统实现

（一）登录及系统导览

在洛阳古城的历史人文综合平台上，用户体验始于一个精心设计的登录界面。当用户访问平台网站时，他们首先被引导至此界面，这里要求他们输入账号和密码。这个过程确保了用户身份的验证，为接下来的探索提供了安全门户。一旦通过这一步骤，用户便进入了洛阳古城历史人文综合平台的功能导览界面，这是用户探索洛阳古城丰富历史和文化资源的起点。功能导览界面作为平台的核心部分，为用户提供了一个直观易懂的操作界面，从而让用户能够快速地找到他们感兴趣的信息或功能。在这里，用户可以看到洛阳古城不同方面的内容展示，包括但不限于古城的历史概况、文化遗产、著名景点、特色活动等。通过精心的布局和设计，这个导览界面不仅展现了洛阳古城的历史魅力，也体现了平台易用性和实用性的设计理念。

在这里，功能导览界面还特别设置了多个入口，如古城漫游、文化探索、虚拟体验等，每个入口都对应着平台上的一个特定功能或内容区域。用户可以根据自己的兴趣和需求，选择不同的入口进入，开始他们的个性化探索之旅。例如，对于热爱历史的用户，他们可能会选择进入"文化探索"部分，深入了解洛阳古城的历史故事和文化遗产；对于追求新奇体验的用户，则可能偏好"虚拟体验"部分，通过虚拟现实技术感受历史场景。平台还为用户提供了个性化定制服务，如允许用户根据个人喜好自定义游览路线。这种个性化的设计不仅提升了用户的使用体验，也让用户能够更加主动、深入地探索洛阳古城的各个角落，从而发现和体验到更多的历史文化精粹。

（二）叙事地图展示

点击导航栏的"故事洛阳"进入此功能，旨在通过简练的文字、丰富的图片和精细的地图，向用户全面展示洛阳古城的历史风貌与文化内涵。洛阳，作为我国四大古都之一，自古以来就是文化与政治的中心。这里不仅秉承了深厚的礼制文化，更是中华民族重要的文化发源地之一。通过"故事洛阳"的叙事地图展示，用户可以深入了解洛阳古城的规整城市形态，体会这座古城如何在历史的长河中保留和发展其独特的文化与传统。洛阳作为夏、商、周、汉、唐等多个朝代的都城，其城市布局和建筑风格深受儒家文化和礼制文化的影响。通过叙事地图展示，用户可以了解洛阳古城的城市布局与古代礼制的关系，通过城市的规划和建筑的布局体现古代的政治和文化理念。这种以礼制为核心的城市形态，不仅展现了洛阳古城的历史地位，也反映了古代洛阳居民的价值观和生活方式。

洛阳古城的街巷不仅是连接各个区域的通道，更是承载着丰富历史文化的空间。每条街巷都有其独特的故事和文化价值，从古至今见证了洛阳城的变迁与发展。叙事地图将这些街巷的文化背景、历史变化和现状呈现给用户，使人们能够在虚拟的空间中漫步洛阳古城，体验其历史人文的魅力。洛阳不仅历史文化底蕴深厚，其美食特产也是中华饮食文化的重要组成部分。通过叙事地图，用户可以了解洛阳的传统美食和特产，如洛阳水席、牡丹饼等，以及这些美食背后的文化故事和制作工艺。这些美食特产的故事，不仅描绘出洛阳舒缓的生活节奏，更体现了这座城市独特的地域文化和居民的生活智慧。

（三）名人查询与介绍

CBDB 是一个庞大的线上关系型数据库，系统收录了中国历史上众多重要人物的传记资料。这个数据库不仅详尽记录了各个朝代的历史名人及其生平事迹，还涵盖了这些人物的亲属关系等详细信息，为历史研究提供了宝贵的资料。通过接入 CBDB 数据库，洛阳古城历史人文综合平台可以为用户提供一个强大的功能——能够对洛阳古城的历史名人进行深入的查找和浏览。用户可以在平台上轻松查询到洛阳各个朝代历史名人的生平简介、成就及他们的亲属关系等信息。这一功能不仅为用户揭示了洛阳古城悠久历史和深厚文化底蕴背后的人物故事，也使得洛阳的文化旅游资源得到了更加丰富和系统的展示。

洛阳作为我国古代的政治、经济和文化中心之一，孕育了众多杰出的历史人物。通过平台，用户可以探索这些人物的生平和贡献，如诗人杜甫、李白在洛阳的足迹等。这些历史名人不仅体现了洛阳的历史地位，也反映了洛阳在不同历史时期的文化特色和社会风貌。通过与 CBDB 数据库的融合，平台不仅为用户提供了一个深度了解洛阳历史名人的窗口，更是实现了文化与旅游的有机结合。用户可以根据感兴趣的历史人物，规划自己的文化旅游路线，如参观这些历史人物的故居、纪念馆或与他们有关的历史遗址等，从而在实地探访中感受洛阳深厚的文化底蕴。

（四）路线推荐与定制

在洛阳古城的旅游资源文化挖掘项目中，团队通过深入研究和策划，制定了多条具有文化主题的旅游路线。这些路线的展示方式创新地结合了地图展示和漫游展示两种形式，旨在为用户提供更为丰富和深入的文化体验。通过这样的设计，洛阳古城的历史文化遗产得以更加生动地呈现给公众，同时也为旅游爱好者提供了更加个性化和互动性强的旅游选择。

在"文旅洛阳"功能模块中，通过旅游地图的形式展示了精心策划的文化主题旅游路线。这些地图不仅详细标注了路线上的各个重要景点，还提供了关于这些景点的历史背景和文化价值简介。用户可以通过这些地图，轻松了解到每条路线的具体走向和重点推荐的景点，从而根据自己的兴趣和时间安排进行旅游规划。

通过倾斜摄影技术构建的洛阳古城三维模型，为漫游展示提供了技术支撑。用户可以在这个三维模型中对旅游路线的各个站点进行浏览，仿佛亲身在洛阳古城中穿梭，提前体验旅游的乐趣。这种漫游展示方式，让用户可以从空中俯瞰洛阳古城的全貌，更直观地了解各个景点的位置关系和历史文化背景。平台提供了一项创新的功能，允许用户根据个人喜好手动绘制旅游路线，并进行飞行漫游体验。这种路线定制的功能大大增强了平台的互动性和个性化服务。用户不仅可以根据自己的兴趣选择想要深入了解的景点，还可以将定制的路线存储在个人账户中，为未来实地访问洛阳古城提供参考。

（五）昔日古城再现

在致力于延续洛阳古城历史文脉和传统风貌的过程中，一个关键的任务是重现这座九朝古都的古城风貌。洛阳作为我国历史上的重要城市，曾是多个朝代的都城，拥有丰富的历史文化遗产和独特的城市景观。通过建立一个综合性的平台，我们力图复原包括城墙、城门、古宅、书院及大量精美建筑在内的大场景模型，以此重现古城风貌，让公众能够通过数字化的方式深入了解和体验洛阳古城的历史韵味和文化底蕴。重现洛阳古城风貌不仅是对历史文化的一种致敬，更是对文化遗产保护和传承的重要实践。通过精确复原古城的城墙、城门等关键建筑，可以让人们直观地感受到古城的宏伟与壮观，理解这些历史建筑的文化价值和历史地位。此外，对古宅和书院等建筑的复原，则能够展示古城居民的日常生活场景，帮助公众更好地了解古代洛阳人的生活方式和文化追求。

在重现洛阳古城风貌的过程中，采用了一系列先进的技术手段和方法。利用三维建模技术构建高精度的建筑模型，确保每一个细节都尽可能真实地还原历史。同时，借助倾斜摄影、激光扫描等技术收集现场数据，为模型提供精确的参考。在此基础上，通过对数字化技术的应用，如虚拟现实（VR）和增强现实（AR），让用户能够在沉浸式的环境中体验古城的风貌，增强体验的真实感和互动性。通过平台重现的洛阳古城风貌，不仅为公众提供了一种新颖的文化旅游体验，更承载了深远的文化传承和教育意义。它让现代人能够穿越时间和空间，亲密接触和了解古城的历史文化，激发人们对传统文化的兴趣和热爱。对于年轻一代，这种直观、生动的历史文化学习方式，能够有效地增强他们的历史意识和文化自觉，为传承和弘扬优秀传统文化打下坚实的基础。

（六）天气与时间模拟

在洛阳古城的历史人文综合平台上，系统三维场景的天气和时间模拟功能为用户提供了一个独特而生动的体验。默认的晴天模式下，太阳照耀在洛阳古城上空，用户可以通过模拟的太阳日影效果，观察到建筑在不同时间段的光影变化，感受到洛阳古城在阳光下的美丽景象。此外，平台还精心设计了多种天气模式，包括雨天与雪天，让用户能够在虚拟的环境中体验洛阳古城在不同天气下的独特魅力。在雨天的模式下，用户可以在屏幕上看到淅淅沥沥的雨滴降落在古城的街巷和建筑上。这种场景模拟让人仿佛置身于一个充满古韵的雨巷之中，撑着油纸伞漫步在洛阳古城，体验独特的文化氛围。

切换到雪天模式，洛阳古城便被覆盖上了一层洁白的雪。雪花轻柔地落在屋顶、树梢和街道上，形成一幅幅如诗如画的景象。这种雪景模拟不仅增添了古城的冬日韵味，也展现了洛阳古城在雪中的宁静与美丽。时间模拟功能允许用户选择不同的时间段，观察三维模型及周边环境在日照下的亮度和阴影变化。这一功能不仅增强了场景的真实感和互动性，也使用户能够更好地理解洛阳古城在不同时间段的光影美。对于有高层建筑的地区，时间模拟还可以用来分析建筑的采光性能，为古城的未来更新规划提供重要参考。

（七）全景展示与交互

在洛阳古城的历史人文综合平台上，系统集成了多处重要建筑遗产的全景照片，这些全景照片不仅提供了从多种视角观察建筑的机会，如鱼眼视角、立体视角、建筑视角、小行星视角等，而且通过先进的技术手段，为用户提供了一个全新的、沉浸式的历史文化体验。用户可以借助可穿戴设备，通过体感对话等形式，模拟摄像机的"推拉摇移"操作，从任意角度查看洛阳古城的建筑，从而获得一种前所未有的观察体验。系统内的多样化展示场景为用户提供了一个全方位、多角度了解洛阳古城建筑的机会。不同的视角带来不同的观察体验，如鱼眼视角可以让用户感受到建筑的空间布局和规模，立体视角则能够展现建筑的立体结构和细节，而小行星视角则提供了一种独特的、全景式的观察方式。这些丰富的视角选择，让用户能够根据个人兴趣和需求，选择最合适的方式探索洛阳古城的建筑美学。

通过可穿戴设备和体感对话等技术，用户能够以一种极具沉浸感的方式体验洛阳古城的建筑和历史环境。用户可以通过点击地面的箭头跳转到不同的场景，或点击热点图片深入了解建筑的细节。这种互动性强的展示方式，不仅使用户能够自由地查看建筑，还能够在虚拟的环境中自由地移动和探索，大大增强了用户的体验感和满意度。系统不仅在视觉上提供了丰富的体验，还在内容上进行了深入的拓展。添加了关于历史知识、人物故事和建筑寓意等音频内容，这些内容的加入，使得用户在享受视觉盛宴的同时，还能够更加深入地了解洛阳古城的历史文化背景。通过绘声绘色的叙述，用户能够了解每座建筑所承载的历史故事和文化寓意，从而在知识的海洋中畅游，获得更加丰富和深刻的历史文化体验。

第二节　成功经验对河南历史文化名城保护的启示

一、综合平台的构建与数字化资源整合

（一）技术驱动的资源整合

在洛阳古城的数字化保护和传播过程中，现代科技起到了核心作用。通过三维激光扫描和倾斜摄影测量技术，不仅成功整合了历史文化资源，也极大地提高了这些资源的可访问性和教育价值。这一实践为河南及我国其他历史文化名城的保护工作提供了重要的启示。洛阳古城项目显示，选择适合的技术对于实现资源整合至关重要。三维激光扫描为古建筑和遗址建模提供了精确的三维数据，使得数字复原工作更加精细和真实；倾斜摄影测量技术则通过从不同角度捕捉图像，为地理信息系统提供了丰富的视觉数据。对于其他历史文化名城，探索适合自身特点的高精度技术，能够有效地实现历史资源的精确保存和高效展示。

在资源整合过程中，数字技术的应用包括文化遗产的数字化记录方面。利用数字化手段，不仅保护了实体历史文化遗产，还创造了丰富多彩的数字历史文化遗产，如虚拟博物馆和数字展览等。这种做法拓展了历史文化遗产的展示形式，让公众能够通过互联网平台随时随地了解古城的历史文化。对于其他历史文化名城，积极探索将数字技术与文化遗产相结合的新形式，可以有效提升公众的参与度和体验感，增强文化遗产的社会影响力。增强公众的参与度和体验感也是技术驱动资源整合的重要目标。通过构建互动性强的数字化平台，如虚拟漫游、在线

教育课程和互动问答等，可以激发公众对历史文化的兴趣，促进文化传承和教育。洛阳古城项目的成功示例表明，将现代科技与传统文化深度融合，不仅有利于文化遗产的保护与传承，也为公众提供了独特的学习和体验机会。

（二）全面深入的文化传播

洛阳古城的数字化保护与传播项目，通过采用全景漫游、叙事地图等互动功能，为公众提供了一种全新的文化体验方式。这种方法不仅让人们能够以直观的形式深入了解洛阳古城的丰富历史和文化，还极大地提升了文化传播的效率和影响力。对于河南省内的其他历史文化名城，这提供了一个宝贵的参考，说明在进行数字化建设时，如何利用技术手段全面而深入地展示各自城市的独特文化历史是至关重要的。互动功能的运用，如全景漫游和叙事地图，可以使用户在虚拟环境中自由探索，通过点击、滑动等简单操作即可观看到城市的重要景点，了解历史事件，感受文化氛围。这种互动性不仅增加了用户的参与感，还能够激发用户对历史文化遗产的兴趣，促进更深层次的文化理解和认同。

数字化平台还提供了一个展示城市文化历史的全新途径，包括重要历史事件、著名人物传记、传统风俗习惯等，都可以通过丰富的多媒体形式（文本、图片、音视频等）呈现给公众。这不仅有助于保护和传承文化遗产，也为城市品牌塑造和文化价值提升开辟了新路径。对于河南省内其他历史文化名城而言，积极探索并运用这些先进的数字化手段，可以有效地展示城市的独特魅力，吸引更多的国内外游客和文化爱好者的关注。通过这种方式，不仅可以增强城市的文化吸引力，还能促进文化旅游产业的发展，带动相关经济增长。

（三）用户需求的多样化满足

洛阳古城的历史人文综合平台在设计与实施过程中，充分体现了对不同用户需求的深刻理解和有效响应。平台不仅作为一个展示洛阳古城历史文化的窗口，更是一个多功能的服务平台，涵盖了教育、研究和旅游体验等多个方面，旨在为广泛的用户提供定制化的服务和体验。这种对用户需求的多样化满足，对于河南省内其他历史文化名城在进行数字化保护和利用时提供了宝贵的启示。在规划和实施数字保护项目时，其他历史文化名城应当采取全面的用户需求分析，确保所开发的内容和服务能够触及更广泛的用户基础。例如，针对教育领域，可以开发具有教育意义的互动游戏、虚拟实验室，以及丰富的历史文化课程资源，帮助学生和教师在享受乐趣的同时，学习和理解深厚的历史文化。对于研究学者，则可以提供详细的历史档案、古城遗址的三维模型及便于研究讨论的在线平台，促进学术交流和研究成果的共享。

针对旅游体验方面的用户需求，除了虚拟漫游、叙事地图等基本功能，还可以通过增加 AR（增强现实）体验、定制化旅行计划等创新服务，提升旅游者的参与感和体验感，让人们在探索古城的同时，能够更深刻地感受到城市的历史韵味和文化底蕴。另外，应考虑用户互动性的需求，通过设置在线问答、用户论坛、文化创意比赛等，激发用户的积极性和创造性，形成良好的用户互动氛围。这种互动不仅能增加用户的满意度和忠诚度，还能通过用户的反馈和建议，不断优化和改进平台的内容与服务。

（四）持续的技术创新与应用

洛阳古城的数字化项目向我们展示了在文化遗产保护与利用方面，技术创新所发挥的巨大作用。通过借助最新科技，如增强现实（AR）、虚拟现实（VR）等，洛阳古城成功地提升了公众对古城历史文化的理解与体验，使文化传播更加生动和互动。对于河南省内的其他历史文化名城，这提供了宝贵的借鉴，强调了在保护和推广文化遗产过程中，持续追踪和应用新技术的必要性。引入先进技术不仅能够使得文化遗产的展示更加立体和生动，而且能够为教育和研究提供新的路径和工具。例如，AR 技术可以使游客在参观古迹时，通过智能设备看到额外的历史信息或复原的历史场景，极大地丰富了参观体验。同样，VR 技术能够让用户在家中就能够享受到身临其境般的历史场景体验，对于提高公众对历史文化遗产的兴趣和理解具有重要作用。随着科技的不断进步，会有越来越多的新技术和新方法出现，这些都可能成为历史文化遗产保护与利用的强大工具。例如，人工智能（AI）技术在图像识别、语言翻译和数据分析等方面的应用，可以为历史文化遗产的研究和展示提供新的视角和方法。为了保持项目的先进性和吸引力，河南省内的其他历史文化名城在开展数字化工作时，需要建立起持续监测新技术发展的机制，及时引入适合的新技术和新方法。同时，也要注重技术应用的实际效果，确保技术创新能够真正满足公众的需求，增强历史文化遗产的教育价值和互动性。

二、以用户需求为中心的服务设计

（一）深入了解用户需求

在洛阳历史文化名城的保护与展示项目的规划与实施过程中，深入理解不同用户群体的需求显得尤为重要。通过市场调研和用户访谈，项目团队可以获得宝贵的第一手资料，这些资料关于游客的文化体验偏好、管理人员在古城保护工作中遇到的难题，以及研究学者对资料的详尽性与可访问性的特定需求。理解游客的文化体验偏好意味着可以设计出更吸引人、更有教育意义的展览和互动体验。这不仅提高了游客的满意度和参与度，还能通过口碑传播，吸引更多的访客，从而为历史文化遗产的传播和利用开辟新的路径。对管理人员而言，认识到在古城保护工作中存在的具体挑战有助于定制解决方案，无论是在资源配置、技术应用还是公众参与等方面，都能通过针对性的服务设计来提高工作效率和效果。

对于研究学者来说，满足其对资料翔实性和可获取性的需求，意味着能够提供更为丰富、精准的数据和资料，支持学术研究和教育教学的深入进行。这不仅促进了学术界对历史文化遗产的认识和研究，还能通过研究成果的传播，增强公众对文化遗产价值的认知。这也意味着河南省其他历史文化名城的数字化保护中，需要通过这样的深入了解和分析，设计出更为精准和有针对性的服务和内容，确保历史文化名城保护与展示项目能够有效地响应不同用户的需求，从而最大限度地发挥其社会、教育和文化的价值。另外，这种基于用户需求的服务设计还能促进项目的持续改进和创新，通过不断收集用户反馈，及时调整和优化服务内容，确保项目能够持续满足用户的期望和需求，进一步增强历史文化遗产的吸引力和影响力。

（二）提供定制化服务

通过洛阳历史文化名城数字化保护所取得的成果，不难发现，在河南其他历史文化名城数字化保护项目中，定制化服务的提供是满足不同用户需求的关键环节。通过精心设计的服务，可以显著提升用户体验，进而增强历史文化遗产的社会价值和教育意义。对于游客而言，创新和多样性是吸引他们探索历史文化遗产的重要因素。通过开发包括虚拟漫游、互动导览在内的多样化文化体验路线，以及基于增强现实（AR）和虚拟现实（VR）技术的沉浸式体验，游客可以全新的方式接触和理解历史文化，从而更加深刻地感受到历史文化遗产的独特魅力。这样的体验不仅能够满足游客对文化探索的好奇心，也有助于提升其对历史文化遗产的认知和尊重。

管理人员在古城保护工作中面临的是如何有效地监控和管理古城的保护工作。通过为他们提供一个集成的管理平台，实时展示古城保护工作的进展和状态，可以帮助管理人员更加便捷地获取信息，支持这些管理人员做出更为高效和科学的管理决策。这样的平台不仅可以提高工作效率，还可以促进古城保护工作的透明化和提高公众参与度。研究学者对于历史文化的研究需要依托翔实的资料和便捷的交流平台。为他们提供一个含有丰富资料的数据库，可以极大地促进历史文化研究和学术交流的深入进行。这样的数据库应包含广泛的历史、文化、艺术等领域的资料，既方便学者进行资料检索和学术研究，也支持学术成果的共享和传播。通过以上方式为不同用户群体提供定制化服务，不仅能够更有效地保护和利用文化遗产，也能够在提升公众文化意识、推动学术研究和促进文化旅游发展等方面发挥更大的作用。这种以用户需求为中心的服务设计，是文化遗产数字保护项目成功的关键，同时也是历史文化名城持续活力和魅力的重要来源。

（三）强化用户参与感

结合洛阳历史文化名城数字化保护的经验，河南的历史文化名城在执行保护项目时，强化用户的参与感成为一项至关重要的策略。确保用户积极参与项目的各个阶段，不仅可以提升项目的整体成功率，还能显著增强用户的满意度和归属感。要实现这一目标，项目团队需开发多元化的参与渠道，让用户能够轻松地分享他们的见解。利用社交媒体平台，项目可以接触到广泛的用户群体，通过发布互动内容、用户调研等方式，直接从用户处获得宝贵的反馈信息。社交媒体的强互动性和广泛覆盖，使其成为收集用户反馈和建议的有效工具。同时，线上调查问卷可以针对性地收集用户对于特定服务或内容的评价，帮助项目团队了解用户需求的变化趋势，从而对服务进行针对性的调整和优化。

用户论坛则为用户提供了一个开放的交流平台，用户可以在此分享自己的体验故事，提出改进建议，甚至参与到新服务和内容的设计中来。这种直接参与不仅能够增加用户的满意度，还能够提升用户对项目的认同感和忠诚度。为了进一步加强用户的参与感，项目还可以通过举办各种形式的文化活动和志愿者活动来吸引用户参与。文化活动能够为用户提供深入了解和体验古城历史文化的机会，而志愿者活动则让用户有机会亲身参与到历史文化遗产的保护和传播工作中，这些活动不仅能够丰富用户的文化体验，还能增强用户对古城历史文化遗产的认同感和归属感。

（四）提高服务的可访问性和便利性

立足洛阳历史文化名城数字化保护所取得的成功经验，可以总结出为确保河南其他地区的历史文化名城在执行数字化保护项目时能让更广泛的用户群体受益，项目团队需密切关注服务的可访问性和便利性。通过优化数字平台的用户界面设计，可以确保信息的清晰呈现，从而为用户提供无缝的访问体验。针对不同设备和浏览器的适配工作保证了各类用户均能顺畅访问内容，无论是使用传统的桌面电脑还是通过移动设备如智能手机和平板电脑，用户都可以通过平台进行访问。

在此基础上，提供多语言版本的服务可满足全球用户的需求，特别是对于国际游客而言，这不仅能够增加他们对平台的访问次数，也能显著提升他们的体验质量。通过这种方式，平台不仅能够更有效地传播当地的历史文化遗产，还能增强该地区在国际上的文化影响力和吸引力。考虑到特殊需求群体，如视力和听力障碍人士，项目设计中应融入相应的辅助功能。这可能包括提供音频描述、文字到语音转换功能、易读模式、手语解说视频等，确保这些群体也能享受到文化遗产的魅力，并与之互动。这种包容性的设计不仅体现了对所有用户需求的尊重和关注，也体现了历史文化遗产保护与传播工作的普遍价值和社会责任。

三、高精度技术的应用

（一）精确的历史文化遗产测绘与复刻

在前文中，明确指出洛阳历史文化名城数字化保护过程中，精确测绘和数字复刻对于历史文化遗产的保护至关重要，特别是在保存那些由于自然磨损或人为因素可能面临损坏风险的古建筑和历史遗址时。利用倾斜摄影测量和三维激光扫描技术，能够捕获历史文化遗产的每一处细节，从而生成高分辨率的三维模型。这种方法不仅为遗产的数字复原提供了一个精确和真实的基础，还确保了在未来的任何时刻，这些珍贵的历史文化遗产都可以被准确地再现和研究。这些先进的技术，允许历史文化遗产专业人士以前所未有的精度捕捉和记录遗产地的状态，这对于那些受到侵蚀或即将进行修复工程的遗址尤为重要。高精度的三维模型不仅能够帮助保护工作人员识别出需要特别关注的损坏区域，还能够为将来可能的修复工作提供详细的参考。

除了在保护和修复方面的应用，这些技术还极大地促进了科学研究和教育传播。通过三维模型，学者能够进行更为深入的分析，探索遗产背后的历史故事和文化意义，而无需直接接触到实际的遗产地点。同样，这些模型也可以被用于教育目的，通过虚拟现实和其他数字媒介，让公众能够以全新的方式体验和学习关于这些遗产的知识。因此，对于河南省内及其他地区的历史文化名城而言，探索并采用倾斜摄影测量和三维激光扫描等高精度技术，不仅能够为历史文化遗产的保护提供强有力的数据支持，也能够通过科学研究和教育传播，提升历史文化遗产保护的专业性和系统性，进而提高公众对历史文化遗产价值的认识和尊重。

（二）沉浸式体验的创造

利用虚拟现实（VR）等现代技术，显示了技术如何有效地为历史文化遗产注入新的生命力。通过沉浸式体验，能够让访问者以全新的视角和方式，亲身感受历史文化的魅力。洛阳古城项目在设计之初就充分考虑到了不同用户的需求，提供定制化和多样化的互动体验。洛阳古城项目的成功，也在于其不断探索和引入新技术，持续更新展示内容和形式。这些显然为河南其他历史文化名城数字化保护提供了诸多重要启示。

通过采用新兴技术，历史文化名城可以更具吸引力和教育意义，将历史文化遗产呈现给公众，增强文化传播的深度和广度。深化游客的文化体验和参与度是提升城市文化吸引力的关键，尤其是在促进文化旅游发展、提高城市品牌影响力方面具有重要作用。在进行历史文化遗产的数字化保护和展示项目时，采用以用户为中心的设计思维，能够有效提升项目的受众覆盖范围和用户满意度。另外，历史文化遗产保护与展示是一个动态发展的过程，需要不断地创新和适应新技术，以保持项目的活力和吸引力。

（三）数据的长期保存与管理

洛阳古城的数字化保护实践，特别是在数据的长期保存与管理方面的做法，为河南省内其他历史文化名城提供了重要的启示。利用高精度技术，如三维激光扫描和倾斜摄影测量，不仅提升了历史文化遗产测绘和复原的精度，还确保了这些珍贵资料的数字化存储，从而保护了信息免受物理环境的侵害，同时也便于资料的长期和系统管理。

此做法提示河南其他历史文化名城，在开展数字化保护项目时，应注重几个重要方面：一是持久化存储策略的重要性，数字化的资料，尤其是三维模型和全景图像等信息，需要稳定可靠的存储解决方案。选择合适的数字存储介质，定期备份和更新存储技术，是保证历史文化遗产数字资料长期安全的关键。二是系统化管理的必要性，随着数字化资料的不断增加，如何有效地管理这些信息，使其易于检索和利用，成为一项挑战。构建一个系统化、结构化的数字资料库，配备先进的数据管理系统，对于提高工作效率和资料利用率至关重要。三是利用先进技术保障数据安全，数据的长期保存不仅需要考虑物理损坏的风险，还要防范技术过时和网络安全威胁。利用云存储、加密技术等现代信息技术手段，可以有效增强历史文化遗产数字资料的安全性和可靠性。

（四）高精度技术创新与应用拓展

洛阳古城数字化保护实践为河南省内其他历史文化名城的保护与利用工作提供了一系列重要的启示。在技术驱动资源整合的前提下，洛阳古城通过采用如三维激光扫描和倾斜摄影测量等现代科技手段，成功地对其丰富的历史文化资源进行了高效整合和数字化转化。这不仅极大地提升了资源的可访问性和教育价值，同时也为公众提供了沉浸式的文化体验，增强了文化传播的深度和广度。此外，洛阳古城历史人文综合平台的建设，强调了以用户需求为中心，提供定制化服务的重要性，进而提高了用户的参与度和满意度，加强了文化遗产的社会影响力。

针对河南省内其他历史文化名城，从洛阳古城的做法中可以得到诸多启示：一是充分利用高精度技术进行历史文化遗产的测绘和数字复刻，确保数字化过程的精确性和真实性。同时，应通过创建沉浸式体验和互动平台，如虚拟现实（VR）、增强现实（AR）等，使公众能够通过新颖的方式接触和了解历史文化，从而激发对历史文化遗产的兴趣和认识。二是针对数据的长期保存与管理，高精度技术也为此提供了有效的解决方案。数字化存储不仅可以保护珍贵的文化信息免受物理损坏，还便于进行长期和系统的资料管理与利用。因此，河南省内的其他历史文化名城在推进数字化保护项目时，应注重数字资料的整理、存储和管理，确保历史文化遗产信息的持久性和安全性。三是高精度技术创新与应用的拓展对于历史文化遗产的保护与传播同样至关重要。通过不断探索和引入新技术如人工智能、大数据、云计算等，不仅可以提升历史文化遗产保护和复原的质量，还能在展示传播、教育利用等多个方面实现创新。河南省内其他历史文化名城应积极跟进技术发展趋势，探索新技术在历史文化遗产保护中的应用潜力，以创新的方式提高文化遗产的吸引力和社会价值。

四、历史文化遗产与现代技术的深度融合

（一）创新的历史文化遗产展示方式

洛阳古城的数字化保护与展示项目向省内其他历史文化名城展示了利用现代

技术手段保护历史文化遗产的巨大潜力。通过引入三维建模、虚拟现实（VR）、增强现实（AR）等尖端技术，不仅成功地重现了千年古城的历史风貌，而且增加了公众参与历史文化遗产体验的方式。对这些技术的应用，将观众从传统的、单一的观赏者角色，转变为可以互动、可以沉浸式体验历史文化的主动参与者。这种创新的展示方式为河南省内其他历史文化名城提供了宝贵的启示，利用数字技术不仅可以对古迹进行更为精确的复刻，还能在增强公众对历史文化的认识和体验方面发挥关键作用。例如，通过 VR 技术，观众可以步入历史场景，亲身"经历"历史事件，这种沉浸式体验远远超越了传统的阅读或观赏体验，能够在更深层次上激发公众对历史文化的兴趣和情感共鸣。

另外，利用 AR 技术可以在现实世界中叠加历史信息，为用户提供一个同时融合真实与虚拟的全新体验。这种技术在教育和旅游中具有极大的应用潜力，尤其是对于年轻一代，可以大大增加他们对历史文化遗产的认知和兴趣。为此，这就需要河南省内的其他历史文化名城，在规划和实施历史文化数字化保护项目时，应深入探索和积极采纳这些先进技术。不仅要关注对技术本身的应用，更要注重如何通过这些技术创新历史文化遗产的展示方式，使之更加吸引人、更能激发公众的参与和兴趣。同时，这也要求项目团队持续追踪技术发展的最新趋势，不断探索新的可能性，以确保历史文化遗产的展示与传播方式能够与时俱进，最大限度地发挥其社会价值。

（二）文化传承与教育的深化

洛阳在历史文化古城数字化保护和展示方面的先行尝试，对河南及其他历史文化名城具有重要的启发意义。通过数字化技术，成功地将静态的历史资料转化为动态、互动的数字内容，为用户带来了沉浸式的体验。例如，通过虚拟现实技术，用户可以穿越回古城，亲眼见证城市的变迁和历史事件，这种体验远超过传统的文本和图片资料所能提供的感受。此外，对增强现实技术的应用，如通过手机或平板电脑扫描特定的文物或遗址，就可以看到相关的历史信息和故事，使得文化传承变得更加生动和直观。洛阳古城项目中的另一个亮点是对文化传承内容的深化处理，如构建了名人数据库和叙事地图。这不仅为用户提供了一个全面了解洛阳古城历史文化的平台，更是一种创新的教育方式。用户可以通过互动式的学习，深入探索每个历史人物的生平事迹、城市的历史沿革及文化的深层含义，这种方法大大提升了公众学习的兴趣和效率。

对河南省内其他历史文化名城而言，洛阳古城的实践提供了又一条宝贵的参考路径。这些城市可以通过引入高精度的数字化技术，创新传统的文化遗产展示方式，吸引更多公众的关注和参与。在此基础上，应重视数字化内容的深度开发，不仅是技术的展示，更重要的是如何通过这些技术传递文化的深层价值，实现文化的传承与教育。另外，河南省内的其他城市还可以根据自身的历史文化特色，开发独具特色的数字化项目，既彰显自身的文化独特性，也为公众提供丰富多样的文化体验，共同推动地区文化遗产的保护、传承与创新发展。

（三）文化遗产的保护与修复

在洛阳古城的数字化保护过程中，采用了高精度的三维扫描技术和数字建模，不仅捕捉和记录了文化遗产的详细信息，还提供了一种全新的方法，以科学化和精确化的手段进行文化遗产的保护和修复。这种做法的核心价值在于，它通过技术手段获取的高精度数据不仅可以用于遗产的直接保护，还能作为未来修复和研究的基础。例如，三维数据可以帮助研究人员和修复人员深入了解古建筑的结构特点和损坏情况，为修复工作提供准确的参考。同时，这些数据的存档也意味着即便实体遗产因自然灾害或人为因素遭到损毁，其详细信息仍能得到保存，为未来的重建工作提供依据。洛阳的保护工作还展现了数字化技术在提升公众参与度和教育价值方面的潜力，通过数字化展示，更多的人可以通过网络平台了解和接触到这些珍贵的历史文化遗产，从而提高公众对文化保护工作的认识和支持。这不仅有助于历史文化遗产的传播和普及，还能激发更多人的兴趣，参与到历史文化遗产的保护和研究中来。

这也意味着河南省内其他历史文化名城在推进自身的文化遗产保护和修复项目时，完全可以借鉴洛阳古城的经验。通过引进和利用三维扫描、数字建模等现代科技手段，不仅可以提高遗产保护的精确度和科学性，还可以扩大遗产的社会影响力，实现文化遗产的有效传承和利用。这需要各相关部门和团队深入探索和实践，不断优化技术应用的方法，同时加强跨领域的合作，共同推动历史文化名城的文化遗产得到更好的保护和传承。

（四）文化遗产的创新利用

通过对洛阳古城的数字化保护方案的论述，不难发现数字技术的发展对河南省其他历史文化名城的数字化保护提供了新方案。这些技术不仅确保了对遗址精确的记录和再现，也使得远程教育和虚拟旅游成为可能，从而大大提升了公众对文化遗产的接触频率。此外，通过创新的数字化手段，洛阳能够吸引更多年轻人通过互动体验来了解和欣赏传统文化，有效地将历史文化遗产转化为活生生的教育资源和旅游产品。

针对河南省内其他历史文化名城的数字化保护，洛阳的做法启示着省内其他城市在全面落实历史文化名城保护工作时，要采用先进的技术手段进行精确测绘和复刻，为历史文化遗产的长期保存打下坚实的基础。通过沉浸式体验等创新手段，激发公众尤其是年轻一代的文化兴趣和参与热情。同时，项目应关注数据的长期管理和利用，确保历史文化遗产资料的持续可访问和更新。进一步而言，洛阳的实践也提示世人，除了现有的数字化技术，还应不断探索包括人工智能、大数据分析在内的新兴技术，以实现历史文化遗产保护和利用的深度融合和创新发展。通过这样的方式，河南的其他历史文化名城不仅能保护好自己宝贵的历史文化遗产，同时还能在传承中创新、在利用中发展，为推动地方文化旅游业和文化教育事业的繁荣做出新的贡献。

第七章 河南历史文化名城数字化保护的未来展望

第一节 数字档案库的建设与完善

一、加强用户体验设计

（一）界面与信息架构优化

在数字档案建设过程中，注重用户体验设计至关重要。这不仅关乎如何更有效地呈现丰富的历史文化资料，也是提升公众参与度和满意度的关键。为了达到这一目的，数字档案库的建设必须从以下方面着手进行深入的优化和创新：界面设计和信息架构的优化是打造用户友好数字档案库的第一步，通过采用最新的UI/UX设计原则，开发团队应致力于创建一个既美观又直观的用户界面，使用户在第一时间内就能感受到界面的友好和易用。简洁而直接的设计不仅能减少用户的学习成本，也能大大提升他们的检索效率和体验满意度。信息架构方面，需要建立一个清晰、逻辑性强的结构，使用户能够轻松导航，快速找到他们感兴趣的内容。

个性化服务是提升用户体验的另一个关键点，通过分析用户的浏览历史和偏好，系统可以为用户推荐相关的历史文献、文化遗产故事或未来可能感兴趣的展览，从而构建一个更加个性化的用户体验平台。这种定制化的推荐不仅能够满足用户的特定需求，还能引导用户深入探索更多未知的历史文化宝藏。互动性的加强也是提升用户体验的重要方面，通过集成互动式元素，如虚拟现实（VR）体验、互动问答或在线社区，可以极大地增强用户的参与感和互动性。这些互动体验不仅能够使用户在学习历史知识的同时获得乐趣，还能促进用户之间的交流和分享，构建积极互动的用户社区。

（二）个性化推荐系统

个性化推荐系统不仅能够根据每个用户的具体兴趣和历史行为模式提供定制化的内容，还能在深层次上促进用户与文化遗产之间的互动和连接。通过这样的系统，数字档案库变得更加生动和具有吸引力，有效地将用户的需求与历史文化内容相匹配，提供更加丰富、精准的学习和探索体验。

个性化推荐技术的基础在于数据分析和机器学习算法，能够精确捕捉用户的浏览习惯、偏好及互动行为。对这种技术的引入，使得系统能够自动学习和识别用户的兴趣点，然后针对这些兴趣点为用户提供个性化的内容推荐。例如，一个对唐朝文化特别感兴趣的用户，在浏览了几篇有关唐朝的文章后，系统就能够自动推荐与唐朝相关的其他资料、视频或者虚拟展览，极大地提高了用户的探索效率和满意度。个性化推荐系统还可以根据用户的反馈进行自我优化和调整，用户对推荐内容的点击率、阅读时间及互动反馈等数据，都能为系统提供重要的参考信息，帮助其进一步精细化推荐策略，以实现更高的个性化水平。这种动态调整和优化机制，确保了每位用户都能获得最适合自己的内容推荐，不断提升用户体验。

（三）交互式体验增强

交互式体验的提升不仅使得数字档案库从传统的信息存储转变为一个互动的学习平台，而且极大地促进和提高了用户对河南丰富的历史文化遗产的了解和兴趣。通过集成各种交互元素，数字档案库能够激发用户的探索欲，提供更加丰富、多维的文化体验。

加入的交互元素，如点击展开的详细信息，让用户能够根据个人兴趣深入了解特定文化遗产的背景、历史和意义。用户可以通过简单的点击操作，获取到比静态文本更丰富的内容，如视频讲解、高清图片集、历史文献等，使得每一次点击都成为一次新的发现。互动问答和虚拟导览则为用户提供了模拟真实探索体验的机会，通过设置具有挑战性和教育意义的问题，鼓励用户在获取信息的同时进行思考和互动，这种方式不仅能加深用户对文化遗产的理解，还能增加学习历史文化的趣味性。虚拟导览，则通过引导用户在数字化的古迹或博物馆中自由"行走"，就像亲身访问一样，可以看到详细介绍和历史故事，极大地增强了用户的沉浸感和体验感。

（四）用户反馈机制

通过用户反馈机制，平台能够收集到来自不同用户的意见和建议，这不仅有助于及时调整和优化数字档案库的功能与内容，还能够显著提升用户的参与感和满意度。用户反馈机制的引入，意味着将用户的体验和需求置于项目开发和持续改进的核心位置，确保了数字档案库能够更贴近用户的实际需要和期望。用户反馈可以通过多种渠道进行收集，包括但不限于在线调查问卷、用户评论区、直接电邮反馈及社交媒体互动等。这样的多元化反馈渠道使得不同背景和需求的用户都能方便地表达自己的观点。为了进一步激励用户积极反馈，平台可以采取激励措施，如反馈奖励计划或优先考虑实施用户建议的策略，从而促进用户更加积极地参与到平台的改进过程中。

收集到的用户反馈应当经过系统化的分析和整合，以便识别出用户体验中的常见问题、用户需求的新趋势及最受用户欢迎的特色功能。基于这些洞察，开发团队可以制定出具有针对性的改进措施，不仅涉及技术层面的调整，如提升网站的加载速度、优化搜索算法等，也包括内容上的丰富和优化，如增加更多用户感兴趣的历史资料、改进虚拟导览的互动体验等。用户反馈机制还有助于建立用户与数字档案库之间的持续对话，形成一种良性的互动关系。通过定期发布平台更新日志、回应用户反馈的专栏等方式，可以让用户看到自己的反馈被认真对待并且产生了实际的影响，这种透明和开放的态度能够极大地增强用户对平台的信任和忠诚度。

二、创新内容呈现形式

（一）故事化内容的开发

通过叙述性内容的创造，如动画短片、交互式故事或虚拟导览，河南的历史文化名城能够以新颖的形式展现其丰富的历史文化遗产，为用户提供独特而深刻的文化体验。动画短片能够将河南丰富多彩的历史故事和文化传说转化为视觉盛宴，通过生动的画面和情节吸引不同年龄层的观众。这种形式的内容不仅能够简洁明了地传达历史信息，还能激发观众的想象力和好奇心，进一步增强他们对文化遗产的兴趣。

交互式故事则是让用户参与到故事的发展过程中，为用户提供更加个性化和动态的学习体验。用户可以根据自己的喜好选择故事情节，这种互动性强的体验方式使得每个用户都能有不同的体验和收获，极大地提高了文化教育的效果。虚拟导览则通过最新的虚拟现实技术，使用户仿佛置身于历史文化名城中，无论是洛阳的龙门石窟还是安阳的殷墟，都能通过 360° 全景视角进行探索。这种技术不仅让用户能够无时空限制地访问这些文化遗产，还能通过虚拟导游的讲解深入了解每个遗址的历史价值和文化意义。通过这些故事化内容的开发和推广，河南的历史文化名城不仅能够有效地传播其独特的文化遗产，还能够激发公众对历史文化保护的认识和参与。

（二）数据可视化技术的应用

河南作为我国历史文化名城的聚集地，拥有丰富而独特的文化遗产资源。这些珍贵的历史数据若能通过现代数据可视化技术得到有效展示和解读，不仅能够极大提升公众对这些历史文化遗产的认识和兴趣，还能促进历史文化遗产的保护和传承。数据可视化技术能够将复杂的历史信息转化为直观、易于理解的视觉表现形式，为用户提供了一个全新的、互动性强的学习和体验平台。利用数据可视化技术，河南的历史文化名城可以创造性地展示其历史变迁。例如，通过动态的时间线展示，用户不仅能够清晰地看到从古至今的历史发展脉络，还能通过点击特定的时间节点，深入了解那个时期的重大事件、文化特征或重要人物。这种交互式的时间线，让用户在探索历史的过程中获得了更加丰富和深入的信息，提高了学习的趣味性和效率。

同样，不同历史时期的建筑风格和文化特点也可以通过互动图表和地图进行展现。通过对比分析，用户可以直观地感受到不同历史阶段文化艺术的演变，理解不同时期文化背景下的建筑风格和艺术特点。此外，这些可视化技术还可以展示历史文化名城的地理分布、文化遗产的分布情况等，为用户提供一个宏观和微观相结合的视角，增加了探索的深度和广度。进一步而言，数据可视化还可以应用于展示河南各历史文化名城之间的文化交流和影响。例如，通过可视化地图展示各地文化遗产之间的联系，如丝绸之路的贸易路线、各朝代的文化扩散路径等，用户可以直观地看到河南在我国乃至世界历史中的地位和作用，增强了用户对河南历史文化遗产价值的认识和尊重。

（三）多媒体内容的整合

为了更好地保护、传承这些无价的文化财富，数字档案库的建设成为了一项关键的任务。在这一过程中，多媒体内容的整合展现了其独特的价值和意义，通过将文本、图片、视频、音频及 360° 全景图等多种媒体资源融合在一起，为用户提供了一个多角度、全方位的信息体验平台。以安阳殷墟为例，这个拥有数千年历史的遗址，不仅是中国古代文明的象征，也是了解商朝历史的重要窗口。通过数字化技术，我们不仅能将详尽的考古发掘报告、珍贵的文物图片数字化，还能通过加入考古学家的讲解视频、发掘现场的环境音效等，为用户构建一个身临其境的历史探索之旅。这种多媒体融合的方式，能让用户在视觉、听觉甚至触觉上（通过交互式设备）获得全面的历史体验，极大地增强了用户对文化遗产深度理解的可能性。

360° 全景图的使用，使得用户能够在线上环境中自由地探索遗址的每一个角落，无论是殷墟的宫室，还是甲骨文的刻制过程，都能通过点击鼠标轻松查看，这种沉浸式的体验方式，让历史不再是枯燥乏味的记载，而是变成了一场场生动的历史课堂。在数字档案的构建过程中，多媒体内容的整合不仅提升了用户的体验质量，也极大地提高了文化遗产的可访问性和普及率。这种新型的文化遗产传播方式，对于促进公众对历史文化遗产的认识和保护意识具有重要的意义。尤其是对年轻一代，通过这样生动有趣的方式介绍河南的历史文化名城，能够有效地激发人们对传统文化的兴趣和爱好，为文化遗产的传承注入新的活力。随着科技的不断进步，河南历史文化名城保护的数字档案建设将持续深化多媒体内容的整合与创新，探索更多元化、互动性更强的展示和教育方式。这不仅有助于更好地保存和传承河南丰富的历史文化遗产，也将为全球用户提供了解和学习中国传统文化的新平台，增强河南乃至中国文化在全球的影响力和传播力。

三、加强多方位合作

（一）建立国内外合作网络

在探讨河南历史文化名城保护的数字档案建设时，建立一个广泛的国内外合作网络显得尤为重要。河南拥有丰富的历史文化遗产，这些遗产不仅是我国的宝贵财富，也是全人类的共同财产。为了有效地保存这些历史文化遗产，采用最新的数字化技术进行文化资料的保存和传承变得必不可少。通过与各学术机构、文化组织及科技企业等不同领域和国界之外的合作伙伴建立联系，河南可以引进国际先进的技术和方法，使得这些宝贵的文化遗产得到有效的数字化保护。

这样的合作网络能够为河南提供技术支持和资源共享，进一步推动其历史文化资料的国际交流和传播。在全球化的今天，文化的交流与融合显得尤为重要。通过建立这样的合作网络，河南的文化遗产不仅能够被更好地保存下来，而且还能够通过数字化的形式，在世界各地传播，让更多的人了解和欣赏河南丰富的历史文化。这种跨地域的文化交流，不仅可以增强河南在国际舞台上的文化影响力，也有助于提升河南历史文化名城的全球知名度和吸引力。通过与外部合作伙伴的紧密合作，河南不仅能够借鉴和学习国际上的先进经验和技术，还能够共享各方面的文化资源。这种资源的共享不仅限于技术层面，还包括文化内容的共享，如历史文献、艺术作品、传统手工艺等。这样的资源共享有助于丰富河南历史文化遗产的数字档案内容，提高档案的质量和价值，使得河南的历史文化遗产在全球范围内得到更广泛的认可和赞赏。

（二）共享资源和数据

河南拥有丰富的历史文化资源，这些资源一旦通过数字化手段得到有效的保存和整理，将极大地促进文化遗产的保护和传承。资源和数据的共享，正是实现这一目标的关键途径。通过与合作伙伴共享数字化资料和研究成果，河南的历史文化名城不仅能够丰富自身的数字档案库内容，还能够在更广泛的范围内促进文化遗产的保护工作。这种共享机制允许不同的组织和个人能够访问和利用这些宝贵资源，从而避免了在资料收集和整理过程中的重复劳动，提高了工作效率。

例如，通过与其他文化遗产保护项目共享三维扫描数据，不仅可以提高这些数据的利用率，还可以促进学术研究和知识传播的深入。三维扫描技术为文化遗产的数字化保护提供了一种直观、高效的手段，通过共享这些数据，可以让更多的研究者和专业人士参与到文化遗产的研究和保护中来，进一步促进了科学研究和文化传播。资源和数据的共享还有利于加快数字化进程，在当前的信息时代，数字化已经成为文化遗产保护的重要方向。河南通过与国内外的合作伙伴共享资源和数据，可以有效利用外部资源，加速本地文化遗产的数字化进程，从而更好地保存这些无形的文化财富。不可否认，共享资源和数据不仅促进了文化遗产的数字化保护，还促进了全球范围内的文化交流与合作。这种跨界合作模式为河南历史文化名城保护的数字档案建设开辟了新的路径，使得河南在全球文化遗产保护领域中占据了更加重要的位置。

（三）共同开发项目

在河南历史文化名城保护的数字档案建设中，共同开发项目成为一种富有成效的合作方式。河南丰富的历史文化资源提供了独特的素材和背景，通过与国内外合作伙伴携手，共同开发教育资源、展览项目或文化产品不仅展现了文化的多样性和深厚底蕴,也促进了文化遗产的创新性传播和利用。这种合作模式允许各参与方将自身的专业知识和技术优势集合在一起,创造出既有吸引力又富有教育意义的文化传播项目。例如,与国际知名博物馆的合作,可以通过开发虚拟展览项目,使得河南的文化精粹不受地域限制,让全球观众都能在线上欣赏到。这种形式的展览不仅能够扩大观众群体,也能够以新颖的方式展示文化遗产,增加人们对河南历史文化的兴趣和认识。

通过项目的实施,合作伙伴之间的联系得以增强,这不仅有利于资源的共享和知识的交流,还能够促进文化遗产保护领域的创新和发展。共同开发的项目,如通过教育资源的开发,可以为公众,尤其是年轻一代,提供了解和学习河南丰富历史文化的新途径。这种具有教育意义的项目不仅能够提升公众的文化素养,还能够激发人们对历史文化遗产保护的兴趣和热情。通过合作开发的展览项目和文化产品能够有效扩大河南历史文化遗产的社会影响力,在全球化的背景下,文化的传播和交流越来越重要,河南通过这种方式可以将自己的文化遗产介绍给更广泛的国际社会,提升河南文化的国际形象和地位。

(四)提升国际影响力

河南的历史文化名城通过与国内外的重要文化和科技机构进行合作,能够显著提升自身在国际上的知名度与影响力。这样的提升不仅对于文化遗产的保护和传承具有深远的积极影响,而且能够吸引更多国际游客和学者的目光,使他们关注河南丰富的历史文化。这种关注进一步促进了文化旅游和学术研究的发展,为河南带来了宝贵的机遇。通过积极参与国际合作项目,河南的历史文化遗产不仅在国内得到了广泛的认可,也成功地走出了国门,成为全球文化交流的一个重要组成部分。这种交流与合作,使河南的历史文化遗产在全球范围内得到展示,让世界各地的人们都有机会了解和欣赏到河南独特的文化和历史。这不仅增加了河南在国际上的可见度,还强化了其作为一个重要文化遗产地的国际形象。

国际合作为河南的历史文化名城提供了一个平台,让其能够利用国际资源和专业知识,采用更先进的技术和方法进行文化遗产的保护和传承。例如,利用数字技术对历史文化遗产进行三维扫描和数字化存档,不仅可以有效地保护这些珍贵的文化资源,还能够使这些资源在全球范围内得到更广泛的传播和利用。通过这种国际合作,河南的历史文化名城能够吸引国际游客和学者来访,促进文化旅游的发展,带动地方经济的增长。同时,对于学术研究而言,国际学者的参与不仅丰富了研究的视角和内容，还促进了学术交流和知识的创新，为河南的文化研究和历史研究提供了新的动力和灵感。

四、推广开放获取政策

（一）广泛的资源访问

开放获取政策对于河南历史文化名城保护数字档案建设而言，是未来发展的一个重要策略。这一政策的实施意味着可以将数字档案库中的丰富资料，包括文献、照片、视频等，通过在线平台向公众免费开放。这种做法不仅可以扩大河南丰富的历史文化资源的接触面和影响力，还能够为广大民众提供了解和学习历史文化的便利条件。通过实施开放获取政策，河南的历史文化遗产得以通过互联网这个强大的平台，走进千家万户，让更多的人有机会接触到这些珍贵的文化财富。这种做法不仅提高了历史文化遗产的可见度，还促进了文化知识的普及。公众能够轻松访问这些资源，这对于提高人们的历史文化意识、增强文化自信及促进文化的传承和发展都具有积极作用。

开放获取政策也为学术研究和教育提供了丰富的资源，研究人员和学生可以直接访问档案库中的资料，为他们的研究和学习提供了极大的便利。这不仅加速了学术研究的进程，还有助于培养更多对历史文化有兴趣和热情的年轻人。开放获取政策还促进了跨学科和跨文化的交流与合作，当来自不同背景和领域的人们能够自由地访问和分享河南的历史文化资源时，这种交流不仅能够丰富人们对河南历史文化的理解，还能激发出新的研究思路和创新项目。

（二）促进学术研究与教育

对于学术研究而言，开放获取政策意味着研究人员可以无障碍地接触到宝贵的历史文献、照片和视频等资料，这些资料对于研究河南的历史文化具有不可估量的价值。这种无障碍的访问不仅加速了研究的进程，还促进了学术界内部及跨学科之间的交流与合作，从而激发了新的研究思路和创新成果。此外，这种政策还使得研究成果能够更加广泛地传播，增加了学术研究对社会的影响力。

在教育领域，开放获取政策同样起到了积极作用。教育工作者可以利用丰富的在线资源，为学生设计更加多元化的学习内容。这不仅提高了教学的质量和效果，还激发了学生对河南历史文化的兴趣，促进了他们对历史文化遗产的了解和尊重。通过接触到真实的历史文献和文化遗产，学生能够更好地理解历史的连贯性和文化的多样性，从而培养出更加全面和深厚的历史文化素养。更重要的是，开放获取政策通过促进学术研究与教育的发展，间接地为河南历史文化名城保护的数字档案建设提供了支持。学术研究的深入可以发掘更多有关历史文化遗产的知识和信息，为数字档案的丰富和完善提供了重要资源。同时，教育的推广和提升也为历史文化遗产保护培养了一批批理解者和支持者，为历史文化遗产的长期保护和传承创造了良好的社会环境。

（三）加强版权管理与使用指南

在未来河南历史文化名城保护数字档案建设的过程中，随着开放获取政策的实施，版权管理和使用指南的建立显得尤为关键。这种管理机制的完善，旨在确保数字档案库中的内容既能够得到广泛的分享和利用，同时又能保护内容创作者的原创性和权威性，维护其合法权益。这不仅是对知识产权保护的一种尊重，也是确保资源使用规范化的必要措施。加强版权管理意味着，河南的历史文化名城在向公众提供数字档案资源时，需要明确每项资源的版权信息，包括但不限于创作者信息、版权所有者、可用范围及使用限制等。这样做不仅有助于减少无意之间的版权侵犯行为，还能够鼓励用户在合法和道德的框架内利用这些资源，促进了资源的健康流通和有效利用。

与此同时，制定明确的使用指南也同样重要。使用指南不仅为用户提供了如何合法、合规地使用数字档案资源的明确指引，还包括了对资源的引用规范、修改和再发布的条件等，确保用户在享受开放资源的便利性的同时，也明白自己的权利和义务。这种指引既保障了资源的原创性和权威性不受侵害，也维护了资源使用的公平性和合理性。实施这样的版权管理和使用指南，对于保护创作者的权益、促进知识的自由流动和创新具有至关重要的作用。在数字时代背景下，合理的版权管理不仅能够鼓励更多的创作活动，还能够促进文化遗产的数字化传播，加深公众对河南历史文化遗产的认识和理解。

（四）助力历史文化遗产的可持续发展

通过开放获取政策，河南的丰富历史文化资源得以被更广泛地共享与了解。这种无障碍的资源共享，不仅能够增加社会大众对河南历史文化的认识，还能够提高他们参与保护和传承历史文化遗产的意愿。当公众对这些宝贵的历史文化遗产有了更深入的了解和认识后，他们对传统文化的认同感和自豪感自然而然会被增强。

　　开放获取政策的实施，为历史文化遗产的创新性利用提供了广阔的空间。文化资料的广泛访问使得文化旅游、数字展览等活动得以依托丰富的历史文化资源进行创新和发展。例如，通过数字化的方式呈现河南的历史文化遗产，不仅能够吸引更多国内外游客，提升文化旅游的吸引力，还能够通过数字展览等形式，让全球观众无需跨越地理界限就能欣赏到河南的文化精粹。这些活动不仅为历史文化遗产的保护和传承提供了新的动力，还为相关产业的发展带来了经济效益。在这里，开放获取政策还为历史文化遗产的研究和教育提供了强大的支持。广泛的资源访问和利用能够激励学术界对历史文化遗产的深入研究，促进教育领域对传统文化知识的传授和普及。通过这种方式，历史文化遗产得以在学术研究和教育传承中持续发展，为未来的保护工作奠定坚实的基础。

第二节　空间计算和混合现实在历史场景重现中的应用

一、三维重建与空间计算

（一）精准测绘与建筑复原

　　三维重建这项技术通过高精度的三维激光扫描，对省内的历史建筑和文化遗址进行细致的测绘，生成了详尽的三维数据和模型。这一过程不仅在数字化档案中为每一处历史文化遗产留下了精确的空间信息记录，还为古建筑的复原和修复工作提供了科学性和准确性的保障。通过对这种高科技的应用，河南的历史文化名城得以使用这些三维数据和模型在虚拟环境中重新构建失去的历史面貌，为研究者提供了无价的资源，使得对这些历史文化遗产的研究更加深入和精确。同时，这些详尽的三维模型也为广大公众提供了直观感受历史文化遗产原貌的机会，无论是通过网络平台还是通过虚拟现实设备，人们都能够打破时间和空间的限制，亲身体验到河南丰富的历史文化遗产。

　　更重要的是，这些三维数据和模型在历史文化遗产保护与修复方面发挥了重要作用。在修复古建筑时，保持其历史的真实性和完整性是一个巨大的挑战。传统的修复方法往往依赖于有限的历史文献和残留的物理结构，而三维重建技术提供了一种全新的解决方案。通过这些高精度的三维模型，修复者可以详细了解建筑的原始结构和装饰细节，从而做出更加准确和恰当的修复决策。这不仅保证了修复工作的科学性，也极大地提升了修复质量，确保了历史建筑的真实性和完整性。

（二）虚拟环境构建

通过精确收集的三维数据，运用先进的三维建模软件，历史文化名城的古城墙、宫殿、寺庙及街区等历史场景得以在数字世界中完整重现。这一过程不仅是对物理世界的简单复制，还是一种深层次的文化传承与技术革新的结合。构建的虚拟环境使得历史场景不再受限于时间与空间的束缚，为全球的研究人员、教育工作者及公众提供了一个随时可访问的历史世界。研究人员无需实地考察，便可以从任意角度和位置对古建筑的结构、风格特点进行观察和研究，这大大提升了研究的效率和深度。例如，通过虚拟环境中的古城墙，研究人员能够详细分析其建筑技术、使用材料及防御功能；通过虚拟重现的宫殿和寺庙，可以深入了解古代建筑的艺术风格和文化内涵。

虚拟环境的构建也极大地丰富了公众对历史文化的认识和体验，普通访客通过网络平台或者虚拟现实设备就能够穿梭于历史场景之中，感受古代建筑的雄伟与古街道的繁华，这种亲身体验远远超过了传统的文化传播方式。通过这样的互动体验，不仅激发了公众对历史文化的兴趣和热爱，也加深了人们对河南丰富的历史文化遗产的认识和尊重。更为重要的是，虚拟环境的构建为文化遗产的保护提供了一个新的视角。在数字世界中，每一个历史场景都可以得到永久保存，即使物理世界中的遗迹因自然灾害或人为因素遭到破坏，这些珍贵的文化记忆也能在虚拟环境中得以保留。此外，虚拟环境还可以作为历史文化遗产保护的教育工具，通过生动的展示和互动体验，提升公众对历史文化遗产保护重要性的认识，从而形成全社会共同参与历史文化遗产保护的良好氛围。

（三）空间数据分析

通过这项技术，项目团队能够深入挖掘三维模型中蕴含的丰富信息，为古建筑和遗址的研究提供了前所未有的细节和精度。空间数据分析，尤其是光照分析和视线分析，为理解古建筑在不同时间段的光影效果、设计意图、历史用途及其与周边环境的关系开辟了新的视角。光照分析，通过模拟不同时间段古建筑的光影效果，能够揭示古建筑设计中的精妙之处。古代建筑师在设计时，往往会考虑自然光照的变化，以此来强调建筑的某些特定元素，或是创造特定的氛围。通过光照分析，研究人员可以更加直观地理解古代建筑师如何利用自然光照来增强建筑的美感和功能性，甚至是建筑与特定节气的关联。

视线分析则提供了一种从特定视点观察历史场景的视觉效果的方法。这对于评估古建筑的布局设计、空间序列和视觉导向等方面尤为重要。通过视线分析，可以模拟古人在建筑或街区中行走时的视觉体验，了解建筑或空间如何引导观察者的视线，以及这种引导如何影响观察者对空间的感知和体验。这种分析帮助研究者深入理解古建筑和城市设计的视觉艺术及其与人的互动。空间数据分析还能够揭示古建筑与其周边环境之间的复杂关系，通过分析建筑位置、方向及周围地形地貌的三维模型数据，研究人员可以更加清楚地了解古建筑是如何融入自然环境中的，以及这种融入对建筑的实用性和审美性产生了何种影响。例如，某些古建筑可能正是因为其特定的位置和朝向，才能在特定时间点接收到最佳的自然光照，或与周围的山水景观形成和谐的画面。

（四）模型优化与更新

在河南历史文化名城数字化保护的广阔蓝图中，模型的优化与更新成为一个不断进化的过程，确保每一次的探索都能够紧跟技术的最新步伐，同时捕捉和记录历史文化遗产保护工作的最新进展。随着时间的推移，新的发现和技术进步更新了这些珍贵的三维模型，这不仅是技术挑战的体现，更是对历史负责、对未来致敬。持续的优化和更新工作，意味着项目团队需要时刻关注最新的技术动态，包括三维建模、数据处理、图像渲染等领域的技术进展。这种关注不仅涵盖了软件和硬件的更新，也包括了数据处理方法和算法的改进。一旦有了更高效的数据处理技术或更精确的三维扫描设备，就需要将这些新工具和方法应用到现有模型的优化和更新中，以确保所构建的数字化历史文化遗产能够尽可能地接近实际情况，同时也能够展现出更多细节和历史信息。

模型的优化不仅关乎技术的更新，还涉及对已有数据的重新评估和处理。随着研究的深入和新发现，可能需要调整之前的一些假设或结论，相应的三维模型也需要根据最新的研究成果进行修改。这种动态的更新过程，使得数字化保护项目成为一个活生生的历史记录，不断地被最新的研究所充实和完善。进一步提升模型的真实感，是为了给用户带来更加丰富和生动的体验。通过应用最新的渲染技术，可以大大增强模型的视觉效果，使得虚拟环境更加真实、更具吸引力。例如，实时光照效果的渲染可以让用户体验到不同时间段古建筑的光影变化，增加了沉浸感；精细的纹理映射技术可以更真实地再现古建筑的材质和细节，让用户能够近距离感受到历史的痕迹。这些高质量的视觉体验，不仅能够吸引更多的公众关注和参与，也使得数字化历史文化遗产成为教育、研究和展示的重要资源。

二、混合现实技术的应用

（一）场景再现与互动体验

利用混合现实（MR）技术重现历史场景，开辟了一条融合传统与现代、历史与技术的全新路径。这种创新做法不仅让历史文化名城的宝贵遗产在数字化时代焕发新的生命力，也为公众提供了一种全新的体验方式，使得参与者能够跨越时空限制，深入探索历史的深度和广度。

通过 MR 技术，历史建筑和场景得以在其原有地理位置上以数字化形式重现，为观众提供了一种前所未有的视觉震撼。例如，一座已经不存在的古塔或宫殿，可以通过高精度的三维重建技术，在其历史所在地被精确复原。观众戴上 MR 设备，仿佛穿越时光隧道，站在历史的现场，亲眼见证历史建筑的宏伟与精致。这种体验不仅令人赞叹技术的魔力，更深刻感受到历史的厚重和文化的绵延。MR 技术的互动性为用户提供了更为丰富的体验方式，观众可以通过手势、移动设备等互动方式，探索历史建筑的每一个角落，了解其建筑风格、装饰艺术及背后的历史故事。例如，在一个重建的古代书院内，观众可以"触摸"古籍，观看虚拟的学者讲学，甚至参与古代礼仪的模拟体验中。这样的互动体验，不仅让观众在感官上获得满足，更在情感和认知上与历史产生了深刻的连接。

（二）真实与虚拟的融合导览

MR 技术的核心在于其能够将虚拟内容与现实世界无缝融合，为用户打造一种沉浸式的体验环境，使得传统的历史文化遗产讲解和展示更加生动和富有吸引力。通过 MR 技术，游客穿戴智能眼镜或使用其他 MR 设备，在参观河南省内历史文化名城的实际遗址时，可以看到超越现实的历史场景和文化信息。例如，在一处古代遗址旁，虚拟的历史人物或重要事件的场景仿佛就发生在游客眼前，而这些都是通过 MR 设备实现的数字化叠加。这样的体验不仅为游客提供了丰富的背景知识，还以全新的视角增强了游客对遗址背后故事的理解和兴趣。

MR 技术还能够展示那些无法通过实体展品或是因保存问题无法公开展出的文物和资料，游客可以通过 MR 设备，观看到虚拟展品的详细信息、历史背景和相关故事，这种虚拟的展览物不受物理空间的限制，可以展示更多、更全面的历史文化内容。这不仅极大地丰富了游客的参观体验，也为历史文化遗产的展示和教育提供了更广阔的平台。MR 技术还能够实现个性化的导览服务。基于游客的兴趣和偏好，系统能够实时推送相关的历史信息和文化故事，甚至能够根据游客的位置变化调整内容的展示，确保每位游客都能获得最适合自己的体验。这种个性化的服务不仅提升了游客的满意度，也增强了历史文化遗产对公众的吸引力。

（三）历史事件的动态演示

MR 技术的这一应用，特别是在动态演示历史事件和故事方面，展现了它将虚拟内容与现实世界结合的独特能力，为观众带来了前所未有的历史学习和体验机会。通过 MR 技术，观众可以在原有的历史遗址或是模拟的古代场景中，见证历史事件的再现。例如，观众可能会看到一场古代战役的虚拟重现，或是古代市场的日常繁华。这种技术不仅能够展示静态的历史信息，更能够动态地展现历史事件的过程，让观众仿佛穿越时空，目睹历史的发生。

MR 技术在历史事件动态演示中的应用，还具有极大的灵活性和广泛性。无论是在室内的展览空间还是室外的开放历史遗址，只要观众穿戴相应的 MR 设备，就可以在任何地点体验到历史的动态演示。这种技术的运用，极大地扩展了历史教育的空间和可能性，使得历史学习不再局限于书本或是传统的讲解，而变得更加生动和有趣。MR 技术在历史事件的动态演示中，还能提供互动体验。观众不仅能够观看历史事件的全过程，还能通过手势、语音等方式与虚拟内容进行互动。这种互动性不仅增强了观众的参与感和体验感，也让历史学习变得更加富有探索性。

（四）文化遗产的保护与修复辅助

利用 MR 技术，文化遗产的修复过程变得更为直观。专业人员能够在现场即时查看修复方案的效果预览，通过虚拟与现实的对比，精确评估每一项修复措施对历史文化遗产原貌的影响。这种方式不仅极大地提高了修复工作的精确度，也缩短了修复方案评估的时间。在一些复杂的修复项目中，MR 技术的应用尤为重要，它能够帮助修复团队在不对历史文化遗产造成任何物理损害的情况下，多角度、多方案地进行修复预演，确保最终的修复效果既忠实于原貌，又符合现代保护的要求。

MR 技术在提升公众对历史文化遗产保护意识方面发挥了重要作用，通过 MR 设备，观众可以直观地看到修复前后的对比，了解保护工作的重要性和复杂性。这种互动式和体验式的学习方式，相比于传统的文字和图片介绍，更加深入人心，激发公众对历史文化遗产保护的兴趣和热情。公众的参与和支持对于历史文化遗产保护工作的成功至关重要，MR技术通过增强体验感和互动性，有效促进了公众对这一工作的理解和认可。同时，MR技术还为历史文化遗产的长期监测和维护提供了可能。通过持续更新的三维数据和虚拟图像，专业人员能够实时监控历史文化遗产的状态，及时发现并处理潜在的损害问题，这对于一些地处偏远或不易定期进行实地检查的历史文化遗址尤为重要。

三、互动教育与体验

（一）实景重现与历史沉浸

通过高精度三维重建技术，这些城市的重要历史建筑和场景得以在混合现实（MR）环境中精确再现。这种技术不仅在数字化平台上重塑了遗失的历史遗迹，更让观众有机会体验到古代场景的真实叠加，仿佛开启了一扇时空之门，直接步入历史故事和事件的现场。观众通过MR设备，能够目睹古代宫殿的辉煌、街道的繁华及市井的喧嚣，这些历史场景的再现超越了传统的教育和展示手段，为学习和体验历史提供了全新的途径。通过沉浸在这样的环境中，观众不仅能够观察到历史建筑的外观细节，还能感受到历史事件的氛围，理解古人的生活方式。

这种实景重现与历史沉浸的体验方式，还激发了观众对历史的好奇心和探索欲，使历史学习变得更加生动和吸引人。它突破了传统静态展示的局限，将观众从被动接收信息的角色转变为主动探索和体验的参与者。观众可以在虚拟的历史场景中自由移动，探索不同角落的故事，甚至与历史人物进行"互动"，这种互动体验加深了观众对历史的理解和记忆。在河南等拥有丰富历史文化资源的地区，实景重现与历史沉浸的技术应用不仅为历史文化遗产的保护和传承开辟了新途径，也为文化旅游和教育带来了新的机遇。它为公众了解和体验我国悠久的历史文化提供了一种全新的方式，增强了公众对历史文化遗产价值的认识和尊重。

（二）虚拟互动体验

在这一技术的赋能下，历史的尘封之门被轻轻推开，观众得以打破时间与空间的限制，与那些只能在史书中遇见的历史人物或事件进行直接的对话和互动。例如，未来在洛阳古城的某个角落，通过一副眼镜，就能看到李白吟诗的画面，这种体验无疑极大地丰富了人们对历史的感知和认识。这种虚拟与现实交融的体验，将观众从传统的旁观者角色转变为参与者。不再是冷冰冰的历史事实陈述，而变成了一场场历史的亲历。用户可以通过简单的手势或语音指令，激活虚拟展示中的互动元素，可以与历史人物进行面对面的对话，或是亲身参与历史事件的再现中。这种互动方式，如模拟参与古代的陶器制作、文字刻制，不仅为观众带来了身临其境般的体验，更加深了他们对于历史文化的理解和情感的投入。

这种虚拟互动体验打破了历史学习的枯燥感，将习得的知识转化为了一次次难忘的历史冒险。观众在参与的过程中，不仅能够享受到寓教于乐的快乐，还能通过互动加深对历史人物性格、历史事件背景及其文化意义的理解。这种深度的互动和学习，无疑是对传统教育方法的一种有效补充和提升。混合现实技术在提供虚拟互动体验的同时，也为历史文化的传播提供了新的渠道和方法。通过这种技术，河南的历史文化名城不仅能够吸引更多的游客来此体验，还能通过网络等媒介，让无法亲临现场的人也能享受到这种独特的历史体验。这种跨越时空的文化传播，不仅能够让更多的人了解和欣赏河南丰富的历史文化遗产，也为历史文化遗产的保护与传承提供了新的可能性。

（三）场景导览与解说增强

混合现实技术的运用，能够为用户直接展现详细的解说信息和历史背景，使得游客在欣赏美景的同时，能够深入理解每一处历史文化遗产背后的故事和历史意义。这不仅增强了游客的体验感，还提升了历史文化遗产解读的深度和广度，为游客提供一个全新的、互动式的学习和探索平台。在传统的历史文化遗产导览中，游客往往通过手持的音频设备或跟随导游的讲解来获取信息，这种方式虽然实用，但在某种程度上限制了信息的传达效率和效果，游客可能难以将听到的信息与眼前的实际景观紧密关联起来。混合现实技术通过将虚拟信息直接覆盖在实际景观之上，使得游客能够即时地将听觉和视觉信息结合，极大地提高了信息接收的直观性和准确性。

例如，在参观一处古代遗址时，通过混合现实设备，游客不仅能看到遗址的真实景观，还能看到古代建筑的复原图像、历史人物的形象甚至是重要事件的动态再现。同时，相关的解说文字和声音也会同步展现，这种互动式的导览方式极大地丰富了游客的体验，让他们在视觉上得到极大的满足。混合现实技术还能够提供个性化的导览体验，根据游客的兴趣和偏好，系统可以实时调整展示的内容和路径，提供定制化的解说信息，使每一位游客都能根据自己的需求和兴趣点获得最适合自己的导览体验。这种个性化服务，不仅让历史文化遗产的展示更加灵活多样，也进一步提升了游客的满意度和参与度。

（四）定制化学习路径

这一技术的应用，不仅更新了传统的历史教育模式，还极大地提升了学习的个性化和互动性。通过精确的数据分析，每位用户都能享受到为其量身定制的学习体验，无论是对历史知识感兴趣的学者，还是仅仅想要了解更多关于某个特定历史时期的普通游客，该技术允许用户在进入虚拟的历史环境之前，根据自己的兴趣、知识水平及学习目标进行选择和定制。系统依据这些输入信息，智能地生成包含特定历史主题、事件或人物的教育内容和互动体验路径。这种定制化的学习路径能够确保每个用户都能从中获取最大的知识收益和个人满足感。

例如，对于那些对古代建筑感兴趣的用户，系统可以提供一条专门探索河南省内不同历史时期建筑风格和建筑技术的路径。用户不仅可以在虚拟环境中近距离观察这些建筑的细节，还可以通过互动体验了解这些建筑是如何被建造的，甚至参与到虚拟的建造过程中。对于喜欢历史人物的用户，系统则可能提供一条让用户深入了解某位历史人物生平和贡献的路径，用户可以通过虚拟互动与这些历史人物进行"对话"，更加生动地感受到历史人物的人格魅力和历史贡献。这种定制化的学习路径不仅可以根据用户的个人喜好进行调整，还可以根据用户的学习进度和反馈进行实时的优化。这意味着，随着用户对某一历史主题的了解逐渐加深，系统可以逐步引入更多深层次的内容，确保学习过程既不会因信息不足而使用户感到枯燥，也不会因信息过载而使用户感到困惑。

四、文化旅游的创新

（一）增强型导览系统

利用混合现实技术开发的增强型导览系统为文化旅游领域带来了革命性的变革，通过智能手机或 MR 设备，游客能够实时接收到与其所在位置紧密相关的历史信息和动人故事，这一进步不仅丰富了游客的旅游体验，也为历史文化遗产的展示提供了新的途径。该系统的工作原理基于游客的地理位置，能够精准地识别游客所处的具体位置，并根据该地点的历史背景展示相应的历史场景或重大事件的虚拟再现。例如，当游客走近某个古战场时，增强型导览系统便能展示该战场过去的战斗场景，包括士兵的虚拟形象、战斗的布局及相关的历史解说，让游客仿佛穿越时空，亲身体验那段历史。

　　该系统还能够提供个性化的导览服务，可以根据游客的兴趣和偏好，系统能够推荐与之相关的历史地点和故事，甚至调整信息的呈现方式，确保每位游客都能获得满意的旅游体验。对于历史学者和研究人员而言，这一系统同样具有极大的价值。他们能够利用这一技术深入探索特定历史事件的细节，甚至在进行学术研究时获取新的视角和灵感。随着技术的不断进步和应用的普及，增强型导览系统有望成为未来文化旅游和历史教育的重要组成部分。它不仅能够提高游客的参与度和满意度，也能够为保护和传承历史文化遗产开辟新的途径，促进人们对历史的了解和兴趣。这种技术的应用，展示了将最新科技与历史文化遗产相结合的巨大潜力，为传统文化的现代传播提供了新的可能性，让每一次的文化探索都成为一次难忘的时空之旅。

（二）虚拟角色互动

　　在河南历史文化名城数字化保护和展示的进程中，虚拟角色互动技术以其创新的呈现方式，为游客提供了前所未有的文化旅游体验。利用空间计算技术，历史人物和文化传说中的角色得以以虚拟形象的方式在现实世界中"复活"，并在特定的地点与游客进行直接的互动交流。当游客步入具有悠久历史的遗址或博物馆时，通过 MR 眼镜，他们就能见到古代帝王、历史英雄等虚拟角色。这些角色不仅能够回答游客关于历史事件、文化习俗、艺术作品等方面的问题，还能主动讲述自己的生平故事，甚至引导游客参与到某些历史场景的模拟中去，如参加一场古代宴会或是观看一次历史著名的战役。

　　这种互动形式的引入，极大地提升了旅游的互动性和教育性。游客不再是被动地接收信息，而是成为了能够与历史进行对话的主体。这种沉浸式的体验使得每一位游客都能够根据自己的兴趣和需求，与历史人物"面对面"交流，获得个性化的学习和体验。例如，对于那些对古代诗词感兴趣的游客，可以与虚拟的李白或杜甫进行对话，聆听虚拟角色讲述创作背后的故事和情感；对于那些对古代建筑感兴趣的游客，可以与虚拟的建筑师探讨某座古建筑的设计理念和建造技巧。虚拟角色互动技术还为文化传播提供了新的渠道，通过与这些充满个性的虚拟角色的互动，游客能够更加深刻地理解和感受我国悠久的历史和丰富多彩的文化。这种体验方式不仅使得历史教育变得更加生动和有趣，也让文化遗产的保护和传承工作更加富有成效。

（三）历史场景重现

通过空间计算技术和混合现实工具的应用，河南的历史文化名城能够为游客提供一种前所未有的旅游体验——精确重现历史建筑和文化场景。这些技术不仅令人赞叹，还极大地增强了游客的沉浸感和互动性。当游客戴上MR设备步入历史遗址时，他们所见的不再仅仅是遗迹的残垣断壁，而是一幅幅栩栩如生的历史画卷。例如，在一座古代寺庙的废墟前，通过MR设备的镜头，游客可以看到寺庙在其全盛时期的辉煌景象：壮丽的殿堂和香烟缭绕的祭坛。通过这种方式，历史建筑不仅在视觉上得到了重现，其背后的文化意义和历史故事也得以生动展现。

这种技术还能够重现特定的历史事件，如在古战场中，游客能够目睹古代战役的实景重现——战马奔腾、兵器交击的场面仿佛就发生在眼前。这不仅使得历史学习变得更加直观和生动，也为游客提供了一种全新的历史体验方式，使他们能够更深入地理解和感受历史。这种历史场景的重现技术还可以根据游客的兴趣和需求进行个性化定制，通过智能分析游客的偏好，系统可以推荐他们最感兴趣的历史场景或事件，甚至允许游客通过简单的操作选择不同的历史时期和文化背景，从而获得定制化的旅游体验。这种技术的应用不仅为游客提供了娱乐和教育的新途径，也为文化遗产的保护和传承提供了新的可能。通过数字化重现和保存，即使是那些已经遭受破坏或无法恢复的历史遗迹，也能够以另一种形式继续存在于人们的记忆中，为后世留下宝贵的文化财富。

（四）个性化旅游体验

这项技术不仅重塑了人们探索历史遗产的方式，而且通过个性化服务，确保了每位游客都能根据自己的兴趣和偏好获得独特而深刻的体验。通过利用混合现实技术，游客在穿行于历史遗址时，不再是被动地接收信息。相反，这项技术通过分析游客在之前的探索过程中的行为模式、选择和互动反馈，能够实时地为他们推荐与个人偏好相关联的内容。例如，如果一位游客对古代建筑特别感兴趣，系统便会为其推荐更多该领域的信息和未来可能感兴趣的遗址，甚至可以提供建筑结构和历史背景解析。

混合现实技术还能根据游客的历史知识水平调整所提供的信息深度，对于历史学者和研究人员，系统可以提供更加详细且专业的数据和分析；对于普通游客，则通过更加生动易懂的方式介绍历史故事和文化背景。这种定制化的服务确保了每位游客不仅能够在旅行中获得乐趣，还能根据自己的需求和兴趣点深入了解历史文化，从而达到教育和娱乐的双重目的。个性化旅游体验的提供，不仅让文化旅游变得更加有趣和吸引人，还极大地提高了游客的满意度和参与感。通过智能设备和个性化算法，游客可以享受前所未有的定制化旅行，每一次的文化探索都成为一次全新的发现之旅。

第三节 可穿戴技术和生物识别技术在旅游体验中的整合

一、个性化旅游指导

（一）个性化路线推荐

在河南历史文化名城保护的背景下，整合可穿戴技术和生物识别技术于旅游体验中，开辟了一种创新的路径，尤其是在个性化路线推荐方面。这种技术使得旅游体验更加智能化和个性化，从而极大地丰富了游客的旅游体验。可穿戴设备通过收集游客的历史访问数据和偏好设置，结合游客当前的地理位置和当地的天气情况，能够实时地为游客提供定制化的旅游路线建议。这种个性化的服务不仅覆盖了河南省内的主要历史文化遗址，还能根据游客的兴趣爱好，推荐一些特色小店和地方美食，为游客提供了一种全方位、深度的旅游体验。

例如，对于那些对古代建筑感兴趣的游客，该技术可能会为游客推荐一条专门探访河南古建筑的路线；对美食感兴趣的游客，则可能会得到一条包含当地特色美食店的路线建议。此外，结合实时天气信息的个性化推荐，可以确保游客的旅游体验不会因天气不佳而受到太大影响，如在雨天推荐一些室内活动或景点。这种个性化的旅游路线推荐，不仅提高了游客对河南历史文化遗产的认识和兴趣，还能够促进当地旅游业和相关产业的发展。通过为游客提供量身定制的旅游体验，可以更有效地满足游客的个性化需求，提升游客满意度，从而吸引更多的游客前来参观。

（二）智能展览解说

这种技术的融合，不仅为游客提供了更加个性化和互动性强的旅游体验，也为历史文化遗产的保护和传播提供了新的可能性。利用面部识别技术，可穿戴设备能够在游客步入展览区域的那一刻自动识别出游客的身份。这一创新功能使得展览解说不再是一种单向的信息传递方式，而是能够根据每位游客的语言偏好和兴趣点，自动播放定制化的解说内容。这意味着，无论游客来自哪个国家，都能够听到用自己母语解说的展览内容，极大地提升了游客的参观体验感和历史文化遗产的普及度。

通过跟踪游客的停留时间，这些技术还能分析游客的行为模式。这不仅有助于理解游客对哪些展项更感兴趣，还能在后续提供更加精准的信息服务。例如，如果系统检测到某位游客在一件展品前停留时间较长，便可能推送更多关于该展品的深度资料或者相关展品的推荐，进一步丰富游客的知识和体验。这种智能化的展览解说服务，不仅让游客在游览过程中获得更加丰富的文化信息，也为游客提供了更加灵活和个性化的参观路径选择。通过个性化的服务，游客的参观体验变得更加主动和富有趣味性，这对于提高游客满意度和增强文化遗产吸引力具有重要作用。

（三）实时反馈与调整

通过可穿戴设备，游客能够在旅游过程中轻松地提供反馈，包括但不限于对旅游路线、展览解说等方面的满意度评分及对特定历史文化遗产兴趣的变化。这些宝贵的第一手数据，一旦被收集，便能够即时反馈给中央管理系统。这样的即时反馈机制，不仅使得管理者能够实时了解游客的体验状况和需求变化，还能够根据这些数据调整推荐算法，以提供更符合游客预期的服务和体验。

从更深层次进行分析，可以得出重要结论，即这些数据对于未来服务的改进具有重要的参考价值。通过分析游客的反馈和行为模式，管理者可以深入了解游客对河南历史文化名城旅游体验的总体满意度，以及对特定历史文化遗产的兴趣偏好。这样的分析不仅能够帮助管理者识别出所提供服务的优势和不足，还能够指导未来的服务创新和内容优化，使之更贴合游客的期待和需求。另外，实时反馈和数据分析还能够为历史文化遗产保护和传承策略的制定提供支持。例如，通过分析游客对不同历史文化遗产兴趣的变化和满意度评分，管理者可以识别出具有高吸引力的历史文化遗产和需要进一步提升的方面，从而有针对性地进行保护和推广。

二、实时健康监测与安全保障

（一）游客健康实时监控

将可穿戴技术和生物识别技术整合至旅游体验，特别是在游客健康实时监控方面，展现了对旅游安全与游客体验质量的高度重视。这种技术的融合，不仅提升了旅游体验的安全性，也为游客提供了一个更加健康、舒适的旅行环境。通过智能手表或健康监测手环等可穿戴设备，旅游管理者能够实时监测游客的生命体征，包括心率、体温等关键健康指标。这种实时监控的机制，使得旅游管理者能够及时了解游客的健康状态，一旦发现任何异常或健康风险，便可以迅速采取相应措施，如提供医疗建议或紧急援助，确保游客的健康和安全。

这种健康实时监控技术，也为游客提供了一种额外的安心因素。在探访河南的丰富历史文化名城时，游客可能会因长时间的步行和探索而感到疲劳或身体不适。在这种情况下，可穿戴设备能够监测到游客的生理状态，旅游管理者可以基于数据提供个性化的建议，如休息时间的安排、合适的活动强度调整等，从而使游客的体验更加舒适和健康。通过对这种技术的应用，河南历史文化名城的旅游体验不仅限于对历史文化遗产的探索，还扩展到了游客健康监控的智能服务。这种全方位的关怀，不仅能够提升游客的满意度和安全感，还能够促进河南旅游业的整体发展，提高旅游目的地的吸引力和竞争力。

（二）紧急情况快速响应

这种技术融合不仅提高了旅游体验的安全性，也为游客提供了一种额外的安心保障，让他们能够更加放心地参观河南丰富的历史文化遗产。通过可穿戴设备的实时数据传输功能，结合紧急求助按钮，旅游管理部门能够在游客遇到任何健康问题或其他紧急情况时，迅速进行定位并派遣救援。这种快速响应机制依赖于可穿戴设备能够实时监控游客的生理状态，并在发现异常情况时立即发出警报，同时游客也可以通过一键求助按钮主动发出求助信号。

工作人员一旦接收到求助信号，旅游管理部门的紧急响应系统会立刻启动，根据可穿戴设备提供的精确位置信息，迅速派遣最近的救援团队前往现场提供帮助。这种基于技术的快速响应机制大大缩短了救援时间，有效提高了处理突发事件的效率，极大地保障了游客的安全和健康。这种紧急情况快速响应机制不仅限于健康问题的紧急救援，也可用于其他类型的紧急情况，如迷路、遇到自然灾害等，提供全方位的安全保障。这种全面的安全保障措施，不仅增强了游客的安全感，也提升了旅游目的地的整体形象和吸引力。

（三）安全管理的生物识别技术

生物识别技术，如面部识别和指纹识别，为旅游安全管理提供了一种快速、可靠的识别手段。例如，面部识别技术能够在人群中快速识别个体，这对于快速寻找迷路儿童尤为重要。一旦儿童迷路，通过面部识别技术，旅游管理系统可以迅速识别出儿童的面孔，并与数据库中预先登记的家长或监护人的信息进行匹配，从而快速协助他们重聚。这种应用不仅缩短了寻找迷路儿童的时间，也大大减轻了家长的焦虑和等待的痛苦。同样，面部识别或指纹识别技术在大型旅游景区内的应用，可以有效地验证游客的身份，防止非法入侵者的侵扰。这种生物识别技术为景区提供了一种高效和安全的访问控制手段，不仅保障了景区的安全，也保护了游客的财产安全。

生物识别技术还可以应用于景区内的支付系统，提供更加安全便捷的支付方式。游客无需携带大量现金或担心信用卡信息被盗用，通过面部识别或指纹识别就可以完成支付，这不仅提高了支付的安全性，也提升了游客的消费体验。通过生物识别技术的整合应用，河南历史文化名城的旅游体验势必会得到质的飞跃。对这种技术的应用，不仅使旅游管理更加高效、安全，还为游客提供了更加个性化和安心的旅游体验。在未来，随着技术的不断进步和应用的不断深入，生物识别技术将在提升旅游安全管理、优化旅游体验方面发挥更大的作用，为河南历史文化名城的保护与发展贡献重要力量。

（四）健康数据分析与风险预警

通过智能可穿戴设备，旅游管理系统能够实时收集游客的健康监测数据，如心率、体温、步数等。对这些数据的持续收集和分析，使得旅游管理者能够对游客的健康状况进行长期的跟踪，及时发现并预警可能的健康风险。例如，如果系统监测到某位游客的心率异常，或体温超出正常范围，便能够及时向游客发送预警信息，并建议其采取相应措施，如休息或寻求医疗帮助。

结合天气数据和旅游活动的强度，旅游管理系统能够为游客提供更为个性化的健康保护建议。例如，在炎热的夏季，系统可以根据预测的户外温度和游客的活动路线，提前提醒游客注意水分补充和采取防晒措施。同样，对于计划进行耗费大量体力活动的游客，系统可以建议其在活动前做好充分的准备，如进行适当的热身运动，或在活动中安排适当的休息时间。这种健康数据分析与风险预警机制，不仅能够提高游客的健康安全水平，还能够根据游客的实际健康状况和活动需求，提供更加精准和实用的健康保护建议。这种贴心的健康关怀服务，能够使游客在享受河南丰富的历史文化遗产的同时，也能得到全面的健康保障，从而使游客的旅游体验更加舒心和安心。

三、互动式展览体验

（一）智能眼镜与增强现实（AR）技术

在河南历史文化名城保护的背景下，整合智能眼镜与增强现实（AR）技术为提升历史文化遗产欣赏深度和广度开辟了一条新途径。这种技术不仅丰富了游客的参观体验，也为传统文化遗产的展示与传播提供了创新的手段。通过穿戴智能设备，游客能够在观看河南的历史文化遗产时，看到实际展品或景点之上叠加的虚拟信息。这些信息可能包括展品的详细历史背景、艺术品的创作故事、历史人物的生平事迹等，游客甚至还能看到历史场景的重现或文化遗产的原貌。增强现实技术能够在不改变实际景观的基础上，为游客提供额外的信息和视觉体验，让游客在欣赏美丽景观的同时，获得更加丰富的知识。

例如，当游客站在一座古老的寺庙前，通过智能眼镜，他们不仅能看到寺庙的现状，还能看到增强现实技术重现的古代宗教仪式场景，或是寺庙在不同历史时期的变迁。这种体验，让游客仿佛穿越时空，亲身体验历史的厚重感和文化的魅力，从而对河南的历史文化有了更加生动和直观的认识。这种智能眼镜与增强现实技术的结合，还为文化教育和传播提供了新的方式。尤其是对年轻一代游客而言，这种互动性和新颖性极强的体验方式，能够极大地激发其对传统文化的兴趣和好奇心，有助于传统文化的传承与发展。

（二）手势控制交互

这种互动方式不仅使游客的旅游体验更加丰富多彩，还提高了参观的便利性和趣味性，从而深化游客对河南丰富历史文化的理解和体验。通过智能手表或手环等可穿戴设备，游客能够通过简单的手势进行交互操作。例如，仅需通过挥手等动作，游客便可以轻松翻阅虚拟展览图册，观看历史文化的详细介绍和精彩图片。这种交互方式，不仅省去了传统的物理触摸，降低了设备磨损和维护成本，也为游客提供了更为卫生、安全的参观环境。

通过手势控制，游客还能操控三维模型的旋转和放大缩小功能，这使得游客能够从多个角度欣赏和理解展品。例如，在观看一件古代青铜器时，游客可以通过手势放大来观察器物表面的纹饰细节，或是通过旋转模型来了解其结构特点，这种互动方式极大地提升了展览的教育价值和参观的趣味性。手势控制交互方式还能够激发游客的参与热情，尤其是对年轻游客和儿童来说，这种新颖的互动方式能够极大地吸引他们的注意力，增加他们对历史文化的好奇心和探索欲。通过这种互动体验，不仅可以提高游客对河南历史文化的认知度，还能促进文化遗产的传承和普及。

（三）面部表情识别

这种技术的整合不仅使得历史文化遗产的展示更加生动有趣，还增强了展览内容的个性化和互动性，进而提升了游客的参观满意度。通过生物识别技术，尤其是面部表情识别，系统能够实时捕捉并分析游客在观看展品时的面部反应。这种技术使得系统能够根据游客的实时反馈调整展览内容的展示方式。例如，当系统识别到游客惊讶的表情时，便可自动推送相关展品的更多信息或提供相应的互动体验。这样的设计不仅能够即时满足游客对知识的渴望，也能够引发游客进一步的好奇心和探索欲，使得游客对河南的历史文化有更加深刻的认识和体验。

面部表情识别技术还可以在游客面对某些复杂展品或难以理解的历史信息时提供即时帮助。当系统识别到游客的困惑或疑惑表情时，可以自动提供简化的解释或进一步的引导信息，帮助游客更好地理解展览内容，从而提升整个参观过程的教育价值和体验质量。面部表情识别技术在提高展览互动性和个性化体验方面的应用，不仅为游客提供了更加丰富和多元的参观方式，也为历史文化遗产的展示和教育开辟了新的路径。这种技术的融入，使历史文化遗产的传承与展示更加符合现代人的体验需求，更加贴近游客的情感和认知模式，从而有效促进了河南历史文化的传播与普及。

（四）虚拟信息展示与交互

这种技术整合不仅极大地丰富了游客的互动体验，也为河南丰富的历史文化遗产的展示和传播提供了创新的途径。面部表情识别技术使得展览内容的展示方式能够根据游客的反应进行动态调整，当系统通过生物识别技术捕捉到游客的面部表情，如惊讶或好奇时，便能够自动推送与展品相关的更深入的信息或者展开相关的互动环节。这种应用不仅增加了展览的互动性，也提升了个性化体验，使游客能够根据自己的反应和兴趣深入了解文化背景和故事，从而获得更加丰富和有深度的文化体验。

结合混合现实（MR）技术，游客在特定的展览区域可以通过触摸、声音等多种交互方式激活虚拟展品或信息的展示。这种技术不仅为游客提供了一种新颖的参观方式，也极大地提高了展览的趣味性和教育价值。通过 MR 技术，复杂的历史知识和文化信息可以更直观、易于理解的形式呈现给公众，使得游客在享受沉浸式体验的同时，能够更加容易地接受和理解深奥的文化内涵。例如，游客在观看一件古代文物时，通过 MR 技术，不仅可以看到文物的三维虚拟模型，还能通过交互激活与该文物相关的历史事件重现或文化故事解说，甚至可以模拟古人使用该文物的场景，让游客仿佛穿越时空，亲身体验历史，这样的体验无疑会给游客留下深刻的印象。

四、智能支付和身份验证

（一）无现金支付系统

河南历史文化名城的保护与推广，随着可穿戴技术和生物识别技术的整合应用，正迈入一个新的时代。这些技术不仅提升了旅游体验的便利性和安全性，也为历史文化遗产的保护与传承开辟了新的途径。在这些技术整合的众多应用中，面部表情识别技术使得展览内容的展示方式更加个性化和互动化。系统能够实时捕捉游客的面部表情，并据此调整展览内容的展示方式。例如，当系统监测到游客惊讶的表情时，它可以自动推送与展品相关的信息或者展示与展品相关的互动内容，极大地增加了展览的吸引力和教育价值。这种应用不仅丰富了游客的参观体验，也为历史文化遗产的展示提供了一种新的方式，使复杂的历史知识和文化信息的传递变得更加生动和易于理解。

结合混合现实（MR）技术的虚拟信息展示与交互方式，为游客提供了一种全新的参观模式。在特定展览区域，游客可以通过触摸、声音等多种交互方式，激活与展品相关的虚拟信息展示。这种互动方式不仅增强了展览的趣味性，还大大提高了信息传递的效率和效果。通过虚拟技术的辅助，复杂的历史事件、文化背景等信息可以更直观、易懂的方式呈现给公众，极大地提升了公众对历史文化的兴趣和理解。通过智能手环、智能手表等可穿戴设备与移动支付技术的整合，实现了无现金支付系统的应用。这种支付方式为游客提供了更大的便利性，极大地提高了支付效率，减少了排队等待的时间。同时，它还增强了支付的安全性，有效避免了现金丢失的风险。无现金支付系统不仅优化了游客的旅游体验，也为旅游景点的运营管理带来了便利，提高了整体服务质量。

（二）快速身份验证

可穿戴技术和生物识别技术的整合在快速身份验证方面，展现了对游客便利性与安全性的双重重视。这种技术的应用不仅优化了游客的旅行体验，也为历史文化遗产旅游带来了新的管理模式。通过生物识别技术，如面部识别和指纹识别，旅游景区能够在各个重要节点，如入口处、酒店前台及特定活动的入场处，实现快速且无需物理证件的身份验证。这种方法利用了每个人独一无二的生物特征进行身份确认，大大减少了游客等待验证的时间，使游客能够快速进入景区，享受无缝的旅游体验。

与传统的身份验证方式相比，生物识别技术提供了更高的准确性和安全性。面部识别和指纹识别难以被复制或伪造，这大大降低了身份盗用或其他安全威胁的风险，为游客提供了更加安全的旅游环境。这对于增强游客对旅游目的地的信任度，提升旅游景区的整体形象具有重要作用。快速身份验证，不仅为游客带来了便利和安全的旅游体验，也为旅游管理者提供了高效管理旅游人流的手段。在旅游高峰期，能够迅速、准确地处理大量游客的身份验证，避免游客长时间等待，从而提高了游客流动和管理效率。

（三）个性化服务访问

在河南这片拥有悠久历史文化的土地上，融合现代科技以提升游客体验，已成为旅游业发展的重要方向。特别是在开封、洛阳等古城保护与发展中，可穿戴技术与生物识别技术的整合应用，为游客带来了全新的旅游体验。这些技术不仅简化了支付和身份验证过程，更重要的是，它们能够提供更为个性化的服务，让游客的旅游体验更加丰富和便捷。在这个框架下，当游客踏入那些散发着厚重历史气息的古城街区时，便能感受到一种全新的互动方式。通过可穿戴设备或生物识别技术，游客无需烦琐的身份验证流程即可享受各种服务。更为引人注目的是，这些技术能够根据游客的偏好和以往的行为历史，为其提供定制化的旅游建议和服务。例如，一名游客在之前的旅游中表现出了对古代书法的浓厚兴趣，系统就可以在他旅游某个历史文化名城时，主动推荐那里的书法展览或者相关的文化活动。

这种个性化服务的实现，不仅让游客能够更深入地了解河南丰富的历史文化，也极大地提高了游客的满意度和参与感。与此同时，对于旅游目的地而言，能够通过这些技术收集到游客的偏好和行为数据，有助于管理者更好地理解游客的需求，进一步优化服务和提升旅游体验。除了提供个性化服务，可穿戴技术和生物识别技术还提高了旅游的安全性和便利性。例如，生物识别技术可以快速识别游客身份，从而在游客需要时提供紧急服务或支持。同时，通过可穿戴设备，游客可以轻松获得关于旅游地点的实时信息，如天气变化、人流密度等，这些信息可以帮助他们更好地规划行程，避免不必要的麻烦。

参考文献

［1］曹昌智.郑州历史文化名城保护与发展战略规划研究［M］.北京：中国建筑工业出版社，2019.

［2］陈金星.历史文化名城更新保护利用研究——以梅州城区江北及攀桂坊片区"三旧"改造单元为例［J］.住宅产业，2023（6）：73-75+79.

［3］陈硕.历史文化名城规划与保护信息系统的研究探讨［J］.福建建筑，2006（2）：149-152.

［4］党安荣，胡海，李翔宇，等.中国历史文化名城保护的信息化发展历程与展望［J］.中国名城，2023（1）：40-46.

［5］党安荣，李翔宇，吴冠秋，等.数字孪生赋能历史文化名城保护与传承研究［J］.中国名城，2024（1）：3-8.

［6］党洁.参与式传播：数字媒体环境下城市形象建构新路径［J］.新闻研究导刊，2022（10）：25-27.

［7］戴苏宁.Y区历史文化遗产保护的问题与对策研究［D］.扬州：扬州大学硕士学位论文，2019.

［8］冯钧平，杨学义.历史文化名城的保护与建设［M］.西安：三秦出版社，2000.

［9］郭娇娇.平遥古城档案式保护探析［D］.昆明：云南大学硕士学位论文，2020.

［10］高睿霞.山东历史文化名城的文化空间研究［D］.武汉：华中师范大学博士学位论文，2020.

［11］甘枝茂，马耀峰.旅游资源与开发［M］.天津：南开大学出版社，2000.

［12］侯娟，赵艺源，徐可宁.甘肃酒泉历史文化名城的保护及开发建议

［J］.西部旅游，2023（2）：55-57.

［13］胡明星，金超.基于 GIS 的历史文化名城保护体系应用研究［M］.南京：东南大学出版社，2012.

［14］河南省古代建筑保护研究所.河南省古代建筑保护研究所三十周年论文集：1978—2008［M］.郑州：大象出版社，2008.

［15］黄晓春.荆州历史文化名城的保护与旅游开发研究［D］.武汉：华中师范大学硕士学位论文，2019.

［16］贾鸿雁.中国历史文化名城通论［M］.南京：东南大学出版社，2007.

［17］李丹.南丰古城文化挖掘与数字化系统建设［D］.南昌：江西师范大学硕士学位论文，2021.

［18］李和平，张栩晨.城市历史景观视角下的历史文化名城保护研究——以河北明清大名古城为例［J］.小城镇建设，2019（1）：102-112.

［19］李亮.昆明历史文化名城的积极保护和整体创造［J］.世界建筑，2022（12）：96-99.

［20］李玥.数字人文视域下北京历史文化名城保护档案开发路径探析［J］.北京档案，2023（4）：40-42.

［21］李仲才.试论历史街区的整体保护与文化传承——以福州三坊七巷为例［J］.四川省社会主义学院学报，2022（2）：77-83.

［22］李仲才.试论历史文化名城的整体保护与文化传承——基于福建省福州市的创新理念与实践［J］.福建省社会主义学院学报，2022（3）：42-50.

［23］林德汤.发现中国：历史文化名城［M］.北京：北京出版集团，2022.

［24］刘慧，金波.湖北历史文化名城动画宣传创作及文创产品策略研究［J］.丝网印刷，2023（17）：92-94.

［25］刘佳，姚亚方，禹玉佐.价值导引的省域历史文化资源保护体系研究——以湖南省历史文化名城名镇名村保护利用规划为例［J］.国土资源导刊，2023（1）：39-45.

［26］林林.基于历史城区视角的历史文化名城保护"新常态"［J］.城市规划学刊，2016（4）：94-101.

［27］刘瑞杰.历史文化名城建筑遗产活态保护与更新对策分析［J］.建筑结

构，2023（11）：192-193.

　　［28］龙小凤，姜岩，董钰，等.系统性视角下的历史文化名城保护传承路径研究——以西安为例［J］.中国名城，2023（10）：21-31.

　　［29］庞峰，王景，王丽，等.基于视功能的城市规划视觉通廊三维核控法——以新疆维吾尔自治区喀什历史文化名城保护为例［J］.城市规划，2021（7）：26-36+47.

　　［30］阮仪三.中国历史文化名城保护与规划［M］.上海：同济大学出版社，1995.

　　［31］施萌，曾宪明.武汉历史文化名城保护的顶层设计和规划先行［J］.中华建设，2021（9）：8-11.

　　［32］单霁翔.历史文化名城保护［M］.天津：天津大学出版社，2015.

　　［33］沈惠萍.苏州的城市发展与古城保护研究［D］.上海：同济大学硕士学位论文，2005.

　　［34］沈佶平，徐刊达.转型背景下历史城区系统整体保护与文化传承——《苏州历史文化名城保护规划（2021—2035）》编制探索［J］.城市规划，2022（S1）：28-38+57.

　　［35］沈磊，张玮，仇晨思.历史文化名城保护与发展创新方法与实践——以嘉兴历史文化名城实践为例［J］.世界建筑，2022（12）：100-105.

　　［36］邵甬.从"历史风貌保护"到"城市遗产保护"——论上海历史文化名城保护［J］.上海城市规划，2016（5）：1-8.

　　［37］孙张平.海洋历史文化名城建设视角下的舟山群岛乡镇档案管理研究［D］.舟山：浙江海洋大学硕士学位论文，2020.

　　［38］汤众.历史文化名城的数字化生存［J］.时代建筑，2000（3）：28-51.

　　［39］王国宁.浅析历史文化名城保护规划——以临夏市为例［J］.陶瓷，2022（11）：188-190.

　　［40］王霖.广州历史文化街区保护与活化研究［D］.广州：华南理工大学硕士学位论文，2017.

　　［41］王恩涌，赵荣，张小林，等.人文地理学［M］.北京：高等教育出版社，2000.

［42］王维，李梦垚，李晶，等.历史文化名城更新保护方法探索——以苏州市 CIM 平台为例［J］.城市发展研究，2023（5）：96–102.

［43］温小英.延续地域特色，营造可持续发展的数字城镇——蔚州古城保护与发展研究［D］.太原：太原理工大学硕士学位论文，2005.

［44］相秉军，狄文莉.关于《历史文化名城保护规划标准》的探讨［J］.城市规划，2020（10）：93–101.

［45］邢汉发，李长辉.基于三维空间技术的历史文化名城数字化建设［J］.测绘工程，2014（3）：72–76.

［46］许家伟.新媒体语境下历史文化名城形象的传播转向、营造转型与重构转换［J］.中国名城，2023（12）：50–55.

［47］邢西玲，李文波，赵婷婷，等.新时期名城保护规划探索——以城固历史文化名城保护规划为例［J］.城市建筑，2022（20）：158–162.

［48］杨开，李陶.基于国家历史文化名城名镇名村的保护信息系统构建研究［J］.城市发展研究，2021（7）：133–140.

［49］杨亮，徐明，赵霞，等.新时代历史文化名城保护规划探索——以洛阳为例［J］.城市规划，2022（9）：46–58+81.

［50］张广汉，陈伯安.历史城市保护的中国经验——历史文化名城制度 40 年［J］.中国名城，2023（2）：3–7.

［51］赵宏宇，甄世楠，韩超，等.基于多源数据的历史文化名城空间格局与形态导控——以长春市历史文化名城保护规划为例［J］.中国名城，2022（9）：25–34.

［52］朱璟璐，覃劼.历史文化名城保护的数字化转译与推广——以“广州记忆”数字平台为例［J］.规划师，2021（22）：51–54.

［53］郑建南.保护活化历史文化名城助力世界文化名城建设［J］.杭州，2021（19）：26–29.

［54］赵小茜.文旅融合视角下城市历史文化街区保护与更新探析——以济南明府城百花洲片区为例［D］.桂林：桂林理工大学硕士学位论文，2022.

［55］张馨月.大数据背景下的历史文化名城保护及应用初探［J］.建筑与文化，2022（2）：203–204.

［56］张杨，何依.历史文化名城的研究进程、特点及趋势——基于 CiteSpace 的数据可视化分析［J］.城市规划，2020（6）：73-82.

［57］郑远，朱皖，毛雯，等.基于碎片式特征的历史文化名城保护规划编制研究——以泸州市为例［J］.资源与人居环境，2023（4）：24-33.